# 無邊界通路

## 數位時代的品牌與消費者連結術

田友龍，孫曙光 著

從個體崛起到超級IP，
全方位解析數位時代的品牌策略

【在變革中求生存，於競爭中脫穎而出】

在快速變化的社群媒體時代中，
品牌和個體如何進行創新互動和價值共創？
案例研究 × 理論分析，深度解析當代品牌建設和市場行銷策略！

# 目錄

# 目錄

# 目錄

# 推薦語

網路時代，資料成為商業的基礎，運用大數據及個性化的小數據，能對顧客進行精準畫像，形成需求圖譜，才能為使用者提供個性化的解決方案！本書站在行銷前線，有理論框架，更有務實的觀點，為大家指明網路時代的行銷方向。

—— 俞雷

一本具有真知灼見的書，幫助你看清網路時代的行銷方向，並給出新環境下的行銷方法。無論是企業家還是行銷人，都能從中受益。

—— 趙志軍

行動網路時代，共享共識經濟來臨，商業告別品牌輸出主義，開啟共建共治模式，企業只有幫助使用者實現心中的夢想，才能贏得未來。

—— 郭立新

產品是行銷的基石，網路時代的產品寄託著顧客的希望和夢想，是一種社會化的對話語言。兩位作者提出的打造產品的新方法，能幫助大家輕鬆「智造」自帶流量的神器。

—— 何宏劍

連結，不是簡單地建立連繫，而是從個體出發，圍繞個體建立新的商業模式，這是引領未來之道，也是本書用顧客視角破譯的網路時代的行銷密碼。

—— 湯其偉

# 推薦語

產品是經營的基石，實現內容、交易、體驗綜合價值的最大化是產品新的使命！這也是本書破譯的使用者時代的消費密碼。

—— 陳志雄

田友龍與孫曙光先生的書，一直頗受歡迎，語言幽默，獨立成篇，適合零碎時間「悅讀」，每篇文章組合起來又成系統，讓大家能看到本質，看清真相。

—— 吳明

網路時代，快經濟最基本的體驗是速度，即節省時間，其本質是時間重構商業，這是一個全新的商業模式，本書在這方面的探索一定能讓你有所啟發！

—— 景天

投資投的是未來 —— 發現和培育明日之星！本書可以讓明日之星的成長少走彎路，少交學費！

—— 向寧遠

個體崛起，消費者主權時代到來。消費不再是標籤式的炫耀，而是對生命存在方式與意義的理解，並與社會生態適時達成和解的價值互動。「連結」是互動，也是真正可以擁抱未來的能力！

—— 張環

網際網路讓個體超越組織，創意超越資源變成可能。

—— 劉春雄

人，因連結而生；價值，因連結而倍增；連結本書，實現當代市場思維和商業智慧的飆升。

—— 萬鈞

消費者對美好生活的追求，在 2019 年啟航！這是一個本質的變化，是一次重大的論斷，也是一個深刻的洞察。由此而來的，是全新的挑戰，更是全新的行銷機遇。如何重構人、貨、場三者全新的物理關係、精神關係以及心靈關係，本書指明了方向。

—— 羅會榕

現在的市場競爭，已不再是企業與企業之間的競爭，而是 A 產業鏈與 B 產業鏈的競爭，企業因價值聚合打通全產業鏈，網路賦能產業鏈黏住使用者形成生態圈，這已經是當下的商業底層邏輯，也是本書要告訴你的贏在當下與未來的答案！

—— 劉大勇

公司堅持產品為王的理念，讓使用者參與產品開發，為使用者尋找個性化的解決方案，產品強大的黏性聚合使用者形成品牌生態，是其成功之道，也是本書發現的行動網路時代品牌的密碼！

—— 顏禧童

最近十五年，網路普及與行動網路崛起，改變了商業世界，徹底改變了品牌行銷方法論。新媒體、「人＋物」連結互動技術、媒體通路一體化、大數據技術、超級平臺五大驅動力帶來極大的時代紅利與機會風口，行銷的戰場、武器、人的角色發生極大變化。兩位作者的新觀察與提煉，將為品牌企業的行銷提供務實且前瞻的指引與啟發。

—— 史賢龍

# 推薦語

建構使用者生態體系，是企業行銷的重要閉環。從發現使用者，到培育，再到啟動使用者需求，從而產生持續不斷的交易行為和品牌感知。品牌「連結」使用者，是企業當下在「黑暗叢林」中角逐的利器，更是每一個品牌的必修課。

—— 趙川

智慧網聯，汽車產業的下一個風口，「實業＋網路」是未來產業的新常態，也是當下傳統轉型更新必由之路，「實業＋網路」的方法在一些市場還處於摸索階段，兩位作者觀察和實踐得出的方法論，值得每位行銷人花時間讀一讀。

—— 吳輝

茶不是一片簡單的樹葉，而是中華文化符號，網路活化了這些符號，讓其擁有超強的連結能力，形成茶生活圈，成為東方生活美學的共識代表，一片茶就是一個 IP，這是茶復興之道，也是本書指出的贏在行動網路時代的品牌新方法。

—— 陳耿

行動網路時代，消費者任性購，企業必須打破時間、空間的阻隔，建構無邊界通路，24 小時線上，潤物細無聲地與顧客隨時隨地建立連結，把貨鋪到消費者心中，才能贏得未來！

—— 李揚

網路的發展沒有讓世界更加緊密，而是更加分裂，IP 化的企業和個人才是 21 世紀的生存法則，本書系統性地從使用者、產品、場景、IP 等 4 個維度分析總結，是新時代每一個成長型企業必須學習的一本好書。

—— 譚志貴

# 前言　從個體出發的商業邏輯

21 世紀，網路就像陽光、空氣和水一樣無處不在，成為生活的標準配備，沒有網路的生活幾乎無法想像。對於行銷人而言，這是最好的年代：網路為創新者提供機會，為創業者提供舞臺，草根逆襲，創造奇蹟，一個個成功的故事吸引著人們的眼球，刺激著人們的神經。有人笑，就一定有人哭，網際網路一日千里，一日一變，跟不上節奏，看不清方向者眾多，掉隊者有之，出局者也不在少數，其中不乏我們曾經仰慕的世界級大廠，所以說這又是一個「最壞」的年代。

網路影響的深度和廣度都是前所未有的，它成了開啟商業新世界的金鑰匙：大眾創業實現夢想，萬眾創新創造奇蹟，傳統企業轉型更新再創輝煌！網路成了萬能的工具，包治百病的靈丹妙藥。擁抱網路，就可以引領時代潮流，到達成功的彼岸。

我們一直認為這個火熱的事業需要冷靜分析，落在執行層面，網路就沒那麼神奇了：網路可以賣酒，但它製造不出一瓶好酒；網路能讓平庸者獲得露臉的機會，但不會讓平庸者變得優秀或卓越；網路可以為草根提供創業機會，但不會讓你用「一碗雞湯」來改變世界。

網路浪潮中，我一直是一個參與者，一頭栽進網路創業大軍中，踐行「不求改變所有企業的命運，一定要讓幾個企業因我而不同」的夢想。網路創業這幾年，我的體會是：在網路浪潮打拚時，苦活累活都要做。一位企業家一直堅持尋找普世價值，總體研究行業的同時，建立了企業家聯盟，以網路思維建構平臺，用生態服務體系為會員企業提供支援。我們在

# 前言　從個體出發的商業邏輯

實踐中有一個共同的思考：網路的本質是底層還是工具？

網路是底層還是工具，公說公有理，婆說婆有理，是一個越理越亂的問題，只有回歸到起點才能找到答案。網路本來是為解決通訊傳輸而誕生的，運用數位化來解決通訊，用資料進行遠端傳輸。網路很神奇，核心能力其實只有三個：超強連結能力——跨越時空，低成本，零延遲；超強聚合能力——聚沙成塔，具有放大器的功能，可形成共振效應；超強資料處理能力——把一切用資料記錄並儲存下來，世界皆資料！

網路與商業相遇，發生了神奇的化學反應：大數據的廣泛運用，對消費者進行精確描繪，精準行銷；連結功能的發揮，將生產者、消費者整合在一個平臺上，資源配置合理高效；數位化讓資訊去中心化和社交化，行銷傳播變成內容連結。三種方式聚合在一起，變成一種顛覆性的力量，引發商業變革，催生一批又一批新物種。

網路對商業產生廣泛的影響，是一種革命性的力量，是一個神器級的工具，但它不是商業的底層邏輯，只是商業定語而不是主體。商業的本質是什麼？創造顧客！創造顧客的唯一方式是關注並尊重人！我們一直認為，行銷就是與人打交道的事業，必須關注人、研究人，把人性研究透了，行銷也就成了。

關注人，著力點卻大不相同，行銷其實一直在關注人，過去關注的是群體和共性，網路的偉大之處在於啟發個體，讓個體有表達的管道，讓個性得以彰顯，個體不再是統計學上微不足道的資料，而是有能動性、創造性、享有獨立權力的鮮活角色，圍繞個體日常生活建構和守護小世界，成為新常態，所以，新經濟的單位是個體。

關注個體，並不是關注一個人的生活狀態，而是關注社交模式下人與人之間的關係。社交模式下，人們依賴專業化生存，人因在某一方面或幾個方面專業而成為專家，擁有影響他人的能力而成為意見領袖，這種個體叫做超級個體，每一個超級個體身後都有一個群體，透過個體連結到群體，這才是從個體出發的商業邏輯。

關注個體，另一個視角是個體角色越來越豐滿。在商業中，個體作為顧客，以前是局外人，只能被動接受。網路時代，人人都有表達能力，市場話語權易位，一切都是顧客說了算，顧客不再是局外人，而是品牌真正的主人，集生產者、消費者、傳播者於一體。把個體角色納入企業體系建成新的商業生態，是行銷人的必修課。

個體崛起，傳統的金字塔式結構被打破，分解成點，點與點透過網路進行重組和連結，知識因此進行重組，關係因此進行重建，這是新理論誕生的樂土，也是創新的溫床，對商業產生廣泛的影響。過去做行銷比的是音量，現在拚的是連結能力，一個新的商業時代拉開序幕。

人與人連結，建立社群。從個體出發，並不是只做一個人的市場，而是關注一個群落，其本質是超級個體輸出價值與主張，大家因共同的興趣聚集在一起，以共同興趣、愛好建立共同的價值觀，以價值觀建起圈子，共同的價值觀在消費上形成共情，從個體喜好變成群體狂歡，這才是從個體出發的商業邏輯。

人與內容連結，打造 IP[01]。個體崛起，啟動專業主義生存的按鈕，個體需要透過內容做出判斷。內容在網路時代變得特別豐富和豐滿，它是一個三層結構體，基礎層解決「是什麼」的問題，也就是身分問題；中間層解決「做什麼」的問題，也就是功能問題；頂層解決精神問題，也就是生

---

[01] IP 本指智慧財產權，在文學作品中一般指角色形象，在行銷領域中泛指基於內容、價值、交易而建立的同理、有信仰的社群。

活方式、世界觀、價值觀。能影響顧客購買的基礎層是內容之源，中間層完成交易，頂層建立身分認同，品牌與顧客不再是簡單的交易，而是藉交易來展現一種生活方式和自我實現，品牌與顧客透過交易建立起一種有信仰的社群關係。

人與通路連結，從交易到關係。行動網路時代，人們都處於匆忙狀態，商戰由「頭腦爭戰」變成搶奪使用者互動時間的競爭。「時間競爭」必須將顧客的需求解碼具象到一個特定的空間、時間、環境中，用全通路流程快速、動態、場景化地提供解決方案，為顧客提供綜合成本最低的解決方案，讓其獲得前所未有的體驗。

個體崛起，連結力成為品牌的核心競爭力。連結的核心是內容，內容藉網路消除時空的距離，內容必須用價值來支撐，用價值引發顧客的精神共鳴，進而形成一個群體的次文化，把交易變成有信仰的社群。網路時代，內容豐富，呈現方式多樣化，唯有多維價值體系與內容完美相配，才能同理共振，引發共鳴。

物理價值，是多維價值的支撐點。物理價值，也是功能價值，是一切價值的支撐點，沒有功能這個基礎，一切價值都是空中樓閣。功能價值在網路時代有全新的概念，具體展現為以下三個基本點：第一個基本點——功能強大，好用、耐用、易用。第二個基本點——CP 值，用更低的成本提供優質的產品和服務。第三個基本點——時間價值，在零碎的時間裡，為人們提供更多更好的解決辦法。三大價值不是獨立的，而是一個完美融合的整體，這樣才能成為必殺技，在競爭中脫穎而出。

情感價值，是多維價值體系的連結點。新一代消費者需要功能的滿足，還需要把夢想投射到產品上，新環境下的產品是工業社會的功能主義與資訊社會的人文主義的複合體。以功能實現價值主張，以價值主張生成內容，在內容中植入人文關懷，賦予產品「人性化」的品格，讓其成為一種情感和精神的寄託，一種社會化對話語言。這時，產品就有了新的含義，是內容，是入口，是連結，也是 IP。

普世價值，是多維價值的底層邏輯。普世價值就是在商不僅言商，還要折射價值觀、人生觀、世界觀，具有哲學層面的含義，必須傳遞積極向上的價值觀，追求知行合一之真，彰顯信仰之美，這樣的價值觀才有強大的包容能力，才能把分散在五湖四海的超級個體聚在一起，融為一體，聚合在 IP 周圍，才能以獨有的社群文化氛圍，引領大家共同前進，共創美好未來！

田友龍

# 前言　從個體出發的商業邏輯

# 第一章
# 雜食者，顧客的進化

行銷始於人心那方寸之地，唯有與顧客同理，才能洞察人性。從人性出發，才能找到開啟顧客心門的鑰匙！

# 第一節　雜食者，個體的崛起

*業精於專，智貴在雜！*

人一有錢，就變成文化雜食者，這是牛津大學社會學家幾十年專注研究英國社會結構變化得出的結論。文化雜食不是英國特色的，而是具有普世性的，至少願意嘗試各類風格與文化，已發生在我們身上。對於聽音樂，周杰倫的〈雙截棍〉讓你著迷，《梁祝》一樣讓你感動；對於餐飲，你既喜歡麻辣火鍋，也喜歡西式料理；對於服裝，你不僅哈日哈韓，時不時還會嘗試一下混搭。可以說，我們大家都變成雜食者了。

## 大眾文化流行，個體崛起

人類社會漫長的歷史長河中，舞臺一直是屬於菁英的，傳統社會主流文化是菁英主義，少數菁英掌握著資訊流通的管道，控制著資訊流通的方向，他們的審美就是社會審美趣味，菁英們的價值判斷就是社會價值觀……總而言之，菁英是風向標，是指南針。至於大眾，在幾千年的歷史長河中，除了接受，其實沒有其他選擇，第一是沒有表達的管道，更主要的是沒有表達能力與願望。大眾一生為填飽肚子而奮鬥，文化上那點事，菁英們喜歡就讓他們弄好了。

21 世紀，全球經濟繁榮，溫飽已不成問題，更重要的是教育機會均等，知識自由，菁英壟斷文化被打破。人有了錢，有了文化，自然就有那麼一點點野心，就有了表達的慾望，自然會思考吃飯以外的問題。新技術的廣泛運用，特別是網路的興起並在全球普及，大眾缺乏表達管道的日子一去不復返，在現代商業的助推下，大眾文化興起，資源與話語平臺大眾化，長期處於壟斷地位的菁英文化開始讓位。

大眾文化的流行，草根得到重視，個體得到認同與尊重，國家鼓勵個體能動性、創造性的發揮，同時要求個體為自己的行為負責。享有獨立權力的個體，開啟了個人自治新模式，個體不僅在市場上表現出強大的能力，在廟堂上，也是一股不可忽視的力量，比如民調支持率對西方政壇有著舉足輕重的作用。

## 文化融合，一體多元

21 世紀，網路讓地球變成一個村，時空的距離消除，全球交流越來越廣泛，越來越頻繁，文化伴隨著商業在全球自由流動，在不長的時間裡，經歷了一個相當複雜的過程，從開始的碰撞、抗拒，到中間的相互作用，最後相互包容，全球形成文化共生。

傳統文化認可差異性，也有包容性，傳統文化講「夫物之不齊，物之情也」，即事物間一定存在差異，沒有什麼大驚小怪的；傳統文化主張君子和而不同，不僅認為差異是常態，還能包容這種差異。特別是近年有了文化自信，對外來文化從「認可」到「認同」，在交流中學習、改進，適應或尊重差異而不強求同一，一體多元，成為社會之常態。

## 知識重構，雜食流行

網路引發資訊革命，當全球跑步進入資訊社會以後，人們開始追求實際和實效，資訊消費從整體切入區域性，更重細節和方法。基於個人的興趣和需求，其與知識點重新相連，建立個性化的知識結構。原有知識結構和文化，從靜態到動態，從單一到多元，透過個人連結進行「文化重組」及「文化再造」，這讓文化變得豐富活躍，還創造了諸多新物種，於是，跨界成為新常態，諸如冰淇淋月餅這樣的新物種出現在人們的視野裡。

一體多元，人們願意嘗試各類風格與文化，真正成為文化雜食者。這是一種新的生存智慧，從此，個人世界不再單一，而是豐富多彩的。

## 以個體出發

全球文化共生，世界呈多元化，個人生態系統變得豐富多彩。以豐富多彩為「調味料」，無論是市場細分，還是精準行銷運用，我們都可能只見一斑而無法認知顧客的全貌。這對行銷者來說，是最好的年代也是最壞的年代，所以，所有行業都值得重做一遍。

以個體為中心，洞察人性，對每一位行銷人都是極大的挑戰，在多變快變的時代，更是難上加難。行銷人只有與顧客同理，才能洞察人性，從人性出發，才能找到開啟顧客心門的鑰匙！

## 連結誕生新物種

一體多元，文化雜食，是顧客的進化。產品的本質是承載顧客夢想、解決顧客需求。顧客變了，產品必須跟著變。

傳統產品打造，運用的是「地球同心圓模型」，從內涵到外延，都十分豐富，核心利益只有一個，結果是同一個世界，同一個聲音。顧客雜食，追求極端組合，甚至矛盾的組合。另外，顧客都很忙，沒時間用更多的產品來滿足多元化文化雜食，希望得到一站式的解決方案。我們要對傳統的產品進行解構重組，讓產品成為文化生態，從一元到多元協調統一，讓「品牌精神分離」成為新法則。

尊重並滿足雜食文化的需求，讓產品精神多元化，「1 + N」模型成為最佳解決辦法，挑戰在於所加的東西並不一定有因果關係，也不一定有共同的邏輯，只是以人性連結而成。研究人性，發現不同文化的內在連繫，是行銷人畢生的功課，以人性進行連結，必須打破原本產品開發的線性邏輯，透過以點連結進行重構，這也是一個創造新物種的過程。

## 社群經濟來臨

從個體出發，引發微眾的商業價值。從價值上，我們要尊重個體，從商業上，我們卻需要涵蓋，必須尋找共性，畢竟服務一個人是沒有商業價值的。個體與共性之間曾經是矛盾的，但一個又一個當代商業案例研究顯示，當中間市場陷落，小眾的崛起將成就新的商業夢想。

今天的我們，要做好小眾生意，必須從個體價值出發，樹立起 IP，運用同理的影響力，讓有相同興趣的人聚集在一起，將個體喜好變成大眾狂歡，這就是小眾引爆流行的商業邏輯，就像星巴克、蘋果、臉書或者群眾募資那樣，聚攏一群熱情的粉絲，創造意想不到的商業成果。

社群經濟來臨，品牌即社群。

# 第二節　賣萌，我們都有一顆年輕的心

賣萌者得天下。

這是一句網路的流行語，要講明其中的道理，不得不從一個幾年前的老故事說起。網路新經濟時代，為什麼還說老故事？因為這個故事太生動、太有趣，而且具有代表意義，值得拿出來說說。

## 瓜片哥一萌難忘

某一天，一個電視節目來了一位客人——瓜片哥。大家知道，這個節目的主持人特別多，不好辨識，瓜片哥上節目時，把「天天兄弟」的名字寫在手心裡（此情此景似乎可以喚醒一點你兒時的記憶：小時候不好好念書還要考高分，一到考試想作弊，亂七八糟的東西寫滿手臂，很容易被老師揭穿，結果不是被父親一頓暴打，就是被母親一頓「海扁」）。在節目中，瓜片哥的這一做法被愛胡鬧的主持人們發現，主持人幾兄弟極盡調侃之能事，把瓜片哥狠狠娛樂了一把。瓜片哥是誰？乃六安瓜片的一位領軍人物是也，作為企業的董事長，那是見過大場面的，人家這不是犯錯誤，而是有意為之：電視節目的來賓來了無數，你還記得起多少？唯有瓜片哥想忘記都難！瓜片哥這個動作，用當下網路語言解讀就叫——賣萌。

## 萬事萬物皆可萌

「萌」本來是指草木初生之芽，後來日本動漫流行，「萌」就有了引申義——指讀者在看到美少女角色時，荷爾蒙分泌引發一種熱血沸騰的精神狀態。網路時代，「萌」裝入「輕鬆、單純、天真」等元素，演變成一種流行文化，有樂、有料、易親近。於是，「萌」深入人心、引發共鳴，甚至出現「萬事萬物皆可萌」。

網路是滋生「萌」的沃土，象牙塔裡的網路原住民，自然領先一步，大學生先「萌」了一把，「學長要走了，學姐交給你」的標語，令人忍俊不禁，也讓學校紅得一塌糊塗。

「萌」在網路上發芽，在商界壯大，「賣萌行銷」在商界廣泛運用，獲得按讚無數，一向以正宗西方文化自居的飲料也入鄉隨俗，換了新裝，品牌名稱被「白富美」、「天然呆」、「文藝青年」等萌語取而代之。這幾年一會歌詞萌，一會表達萌，硬是讓百年老樹開出了新花。

「萌」來勢洶洶，連地位甚高的電視臺也抵擋不住，即使是最嚴肅的新聞節目，也玩起了「浪漫」，向觀眾賣了一把萌：2014 愛你一世。

## 賣萌，我們需要一顆年輕的心

問世間「萌」為何物，為什麼沒人能擋得住？這得回歸人性，從人性說起。

21 世紀，進入資訊社會，工作生活由慢節奏變成快節奏，每個人都有工作的壓力和生活的無奈，壓力過大，很多都市人都有不良情緒，人們需要釋放緊張、壓抑、煩躁、冷漠等不良情緒。發現自己、他人或事物可愛的一面，成了大家潛意識的需求。「萌」那單純、天真、輕鬆的可愛狀態，滿足了人們釋放壓力的需求，當然很容易打動人。

萌的三大要素組合起來有另一個解讀 —— 裝嫩，這不是拒絕成年，也不是一種心理病，而是一種生活方式。人小的時候，盼望快點長大，但品嘗了社會的艱辛以後，卻很想保持童心：用童年的心做成人世界的事，保持一顆年輕的心，一份天真，一份對未來的希望，一種簡單的快樂，這是人類成長歷史中永遠無法擺脫的情結，即使是偉人，在某個特定的環境下也是孩子。

萌其實不是裝嫩，只是透過裝嫩讓自己保持年輕和開心的狀態，它是真正成熟的象徵，秀的只是一種心態，是一種生活方式的選擇。心態上的年輕，言行上的展現，給自己快樂，給大家快樂，有什麼不可以？於是，越來越多的成人萌了起來，幾十歲的阿姨穿著、說話像小女生似的，大男生們喜歡毛絨玩具，祖孫三代一起看卡通，幼稚語調把你我包圍……似乎我們又回到孩子的世界。

21 世紀，賣萌無罪，可愛有理，如果不會賣萌，那你就 OUT（即落伍）了。

## 六個詞，賣萌得天下

萌文化差不多經過 10 年的發展演變，找一個賣萌點，顯一下「可愛之處」，觸動顧客那顆年輕的心，稍不小心就引爆流行。在產業轉型與更新的當口，一本正經寸步難行，而賣萌者得天下，賣萌行銷出色的案例不少，但還沒有系統化和公式化，筆者這幾年一直帶領傳統企業向網路轉型，用眼睛看，用耳朵聽，用心體會，積極實操，總結出一套賣萌行銷寶

典，共 6 個詞：萌語、萌名、萌形、萌物、萌人、萌神。

**萌語：**與生硬的產品語言模式說再見，利用天然萌呆的語言，使用輕鬆俏皮風格的文案，讓產品（銷售）語言既不失專業性與精確性，又有料、有趣，由此與消費者的生活場景融合，與顧客形成心靈共振，不僅讓購買主動發生，還讓顧客主動分享。

**萌名：**產品或品牌命名追求喜劇效果，讓產品名好看、好記、好聽，拉近與顧客的心理距離。常用的方式有兩招：其一，顛覆傳統，用戲謔的方式追求喜劇效果。其二，運用顧客的生活語言，用俚語、俗話替產品命名，從而產生一種親切感。這樣的好名字很多，如大嘴猴，一秒就萌化一大批消費者。

**萌形：**用設計開闢市場，用大膽甚至超越的圖片不斷刺激、觸動顧客的神經。精準鎖定目標消費族群，把他們的喜好審美運用圖片、動漫、數位等精美的形式表達出來，透過誇張的視覺衝擊力和娛樂化圖片來表達產品，以包裝載體傳遞給消費者，讓他們清楚地感知和接收。前幾年，一款品牌營造出夢幻般的童話氛圍，青春一族對它毫無抵抗力。近年，一家冷凍食品品牌做了個呆萌禮盒，透過向年輕世代網友徵集，最終確定了一個嬌憨可愛的卡通粽形象，而且，還有一個可愛的名字——龍粽粽，這個龍粽粽不簡單，引發按讚一片。

**萌物：**透過塑造卡通動物形象來賣萌，這是網路公司的至愛，搜尋一下，你可以看到很多網路公司以動物為品牌形象，信手拈來，案例一大把。美國社交遊戲公司 Zynga 的形象是一隻狗，另一家公司的形象是一隻肥肥的、憨態可掬的企鵝。卡通形象之所以有廣泛的市場，皆因人類有一個基因，天生想保護和親近動物。當然不是每種動物都能進入人們挑剔的法眼，權威研究顯示，哺乳動物最容易獲得寵愛，退而求其次，鳥類也可以接受。然而，即使你選中這兩類，也不表明你會成為幸運兒，要萌翻大家，讓人覺得可愛，必須滿足人類對可愛的審美苛求 —— 保留一些幼兒期的特徵。因此，要打造人見人愛的呆萌形象，必須遵守 5 個原則：頭大而圓；眼睛大，且眼睛位於頭部中線以下；有圓鼓鼓的臉蛋；身形是圓嘟嘟的；擁有柔軟且有彈性的皮膚。

**萌人：**透過擬人化的手法，賦予產品「人性化」的品格，用產品承載生命深處的美，與顧客形成心靈共振，占據顧客的心。對人性有深入的洞察，深入掌握顧客的靈魂，讓消費者把本身的想法、夢想對映到產品上，這樣產品就有故事、有情感、有情趣和有生命，也讓顧客多了一個喜愛它的理由。在這個萌點上最值得推崇的是杜蕾斯，本來夫妻那點事是比較隱諱的 —— 只想做不能說。其化身把這點事說得有料有趣，在社交平臺上玩得風生水起。一款洗衣粉以獨特口吻辣評時事與熱門話題，不僅有了生命，一不小心還成了大姐大。一款湯圓作為冷凍食品，這個圓潤的糯米糰子也能與時俱進。品牌為每種口味的湯圓都量身打造了一款造型，於是湯圓變成百變女神，如冷豔的傲嬌女、優雅的知性女、樂觀的陽光女、多愁善感的敏感女等。於是，其關注度猛增。

**萌神：**讓萌成為品牌的 DNA。我們在產品中加入娛樂元素，讓產品玩具化 —— 好用更好玩，讓消費者在娛樂中體驗，為產品服務叫好。這樣一來，我們便輕鬆按動了消費者的情感按鈕，搶占了消費者的心智空間，贏得了市場。這實戰起來並不難，有些行業具有天生呆萌的基因，比如玩具業，最經典的代表當然是芭比娃娃，大眼睛、長頭髮，使其長盛不衰，大女生與小女孩都喜愛。即使產品與萌相去甚遠，我們也可以創條件萌一把，比如汽車，大家最熟悉的金龜車、MINI、smart 等都是其中的代表，這些車既不高階大氣上等級，也不經濟實用有 CP 值，但都其有萌點，所以，贏得尖叫一片。最會運用「萌神」的一家堅果品牌，本來與萌無關，但是人家創造的「全員松鼠化」、「主人文化」兩大殺器，讓購物流程變成客服「松鼠星人」專門為顧客「主人」遞送一個叫做「鼠小箱」的包裹，創造了銷售神話。

# 第三節　審醜，平民的自我對映

以俗為雅，以醜為美。

這是元曲的藝術手段，也是某位喜劇明星的藝術人生：此公長得不敢恭維，招風耳，鷹鉤鼻，一言不合，額頭便皺起虎大王式的三道槓，一件鬆鬆垮垮的褐色西裝，動作浮誇，時不時腦子還短路。他就是豆豆先生(Mr. Bean)，這顆「豆豆」有一個開外掛的人生，聲名遠颺，聞名全球。

## 審醜，環球同此涼熱

「消費醜」成為大眾娛樂文化，在這一點上全球同此涼熱。其實，審醜早就進入我們的生活，此風首先在虛擬世界暢通無阻，顛覆傳統觀念的姐、弟、哥閃亮出場，各領風騷三五年。而各家電視臺的特別來賓，早就不是帥哥美女的專利，那些不生動的臉頻頻出現；娛樂圈更猛，一位位「長得嚇人」、「唱歌難聽得嚇死人」。不誇張地說，這是審美的時代，也是「審醜的時代」。

## 審醜，是是非非

審醜，貼近大眾，轉向世俗化，追求下層平民社會認同，展示生存的本來狀態和日常生活中的感性愉悅和官能滿足，大眾樂在其中，專家們卻憂心忡忡。

專家認為審醜是低俗、惡俗帶動的新浪潮，是網路等新興媒體在傳播低俗文化和無聊產品的結果，是世風日下，是道德墮落，會蠶食人們的精神根基，掏空社會內在價值，甚至會吞噬主流審美文化，必須嚴厲阻止，要運用情理法三管齊下，讓人不願不能也不敢以醜為美。

## 審醜，人性的完善

其實，以上是對網路的誤解，對審醜的妖魔化。審醜當道，不是浮躁情緒的瀰漫，也不是網路時代人性之惡主導的產物，而是人性使然。

網路僅僅是一個開放的交流平臺，更準確地說，只是一個簡便快速傳播資訊的媒介，本質是一種工具。工具沒有好壞之分，工具運用產生的結果，取決於人。審醜演化成娛樂消費方式，其根源在於人。一位因此知名的人物這樣解釋自己為什麼會在網路世界風生水起：「我是社會大眾捧出來的，一個個網友蓋樓蓋出來的。」

人是相當複雜的動物，有豐富的情感，每個人內心深處都不只一面，而是多面的，一面審美，一面審醜。一元化時代，價值觀相當嚴肅，儘管人都具有難以克服的審醜慾望，但不願直視，更不願承認。人們心嚮往之，卻無膽為之，於是，人們運用轉移法，將醜進行藝術加工，丑角登上舞臺，藉關注來排解不敢為之苦，表達難以啟齒的審醜欲。

一元化結束，多元化的時代開始了。社群與文化呈現多樣性，社會環境寬鬆，語境越來越自由，社會越來越包容，審醜得以從禁錮的思想中解放出來。人們開始接受審醜，由於壓抑得太多太久太深，一開啟閘門，來勢十分凶猛，所以才有階段性的審醜興奮。

## 審醜是草根的自我對映

人類社會歷史一向由菁英主導，直到網路席捲地球的每一個角落，草根才有表現的舞臺。草根與高富帥無關，與白富美無緣。他們是普通人，原生態展示，從淺層講是自娛自樂，從深層次談是自我超越。與菁英相對，草根有一種野性的原始，本色的表達，甚至會突破一些傳統的禁區，於是，就有人認為是三俗，很容易被貼上示醜、露醜、窺醜的標籤。但丑角卻有自己的粉絲，普羅大眾需要精神食糧，他們需要審醜來安慰自己，忘卻現實的殘酷與無奈，所以，審醜天生就有病毒般的傳播能力，從此勢不可擋，一發不可收拾！

審醜並不是一種社會病態，而是社會進化的必然產物，也是個性化時代人們釋放個性的一種表達，是普通人的自信與高調，是他們彰顯個性的一種方法，是心智成熟時期對自身活動結果進行審美的有益補充，不必口誅筆伐，用不著扣低俗的帽子，社會從未與傳統的審美決裂，更不要用道德去綁架，多一些寬容，學會做一個隨性的人，高興就笑兩聲，不高興就換個頻道或者關掉電腦，用不著擔心人類的天性泯滅和美醜不分。

## 審醜行銷三部曲

當然，筆者不是社會學家，研究人性不是為了弄清楚社會運作的規律；也不是仰著脖子的看客，關注審醜不是為了增加茶餘飯後的談天話題。作為行銷者，筆者對自己有一個簡單的定位 —— 賣貨的，以前是自己赤膊帶隊衝鋒陷陣，現在則可以幫助更多的企業更多、更好、更快地賣貨。賣貨的前提就是讀懂人性，人性研究透了，一切行銷問題就迎刃而解了。

審醜成為時尚，消費者從「審美疲勞」開始轉化到「審醜興奮」。而行銷就是發現並滿足顧客的需求，所以，行銷人就應該主動參與其中，在行銷中增加醜的材料，滿足審醜的需求，用顧客喜歡的方式 —— 審醜來表達品牌觀點與主張。其實這並不難，而且只需三招。

## 第一招：本色代言

行銷就是傳播，品牌要飛天必須安裝上傳播的翅膀！傳播不外乎公關與廣告兩招，這兩招基本動作就是藉名人抬轎，用錢場捧人場，用人場捧產品的氣場。

傳統行銷主張「花錢一般來說是嚴肅的事情」、「人們不會從小丑那裡購買東西」，公關廣告更不會「追求喜劇效果」，而是堅持讓美女帥哥齊上陣，希望銷量與品牌齊飛。

審醜時代，顧客對明星代言無感（不予理睬），不是不看，而是關注點不在產品本身，這個曾經成功的策略現在成了「燒錢」的行為。審醜行銷第一式，就是要改變廣告與傳播策略，不再高價請漂亮的模特兒，也不用重金找明星，而是用「草根」為品牌代言，不僅成本低，並且由於另闢蹊徑，很容易從一大堆帥哥美女中脫穎而出。基於吸引原則，審醜具有天生的親和力，顧客自然就會開啟心門，品牌也就很容易走進人心。

## 第二招：世俗的文化

顧客接觸的每一個環節都要展現顧客審醜的心理投射，契合顧客消費醜的需求。

審醜行銷第二招，就是改造距離感太強的品牌文化，讓品牌走下神壇，走近消費者，用顧客的意願和文化來建構品牌，也就是用平民視角、親民文化塑造品牌。在品牌體驗中加入消費者本來的生活元素，讓品牌文化平民化、親民化；在品牌中植入娛樂基因，好笑、好記、好玩；品牌還須新增一點自嘲式幽默，這些誇張、調侃、搞笑元素能讓品牌既符合自身的個性和氣質，更貼近生活，契合消費者的心智需求。

### 第三招：產品感官滿足

第一招、第二招都是取巧，已開始廣泛運用，那麼第三招就是顛覆。從產品這個源頭開始，將審醜作為產品基因，滿足世俗生活的本來狀態。這是一套全新的產品哲學，要有勇於打破一切傳統、顛覆舊有秩序的決心。

要實現產品感官滿足，需要突破邊界，這種全新的行銷理念才剛剛誕生，已經開始在小圈子裡潛行，目前只有方向感，沒有方法論，這也是一個新理念從誕生到被廣泛認可必需的經歷。創新通常是這樣的，有人看到一點曙光，於是走上了不尋常之路，並成功總結出一套模式，然後引發跟風一片，被廣泛傳播，最後被普遍運用。

潛行就意味著有人積極探索，有意思的案例不少：明明是一雙鞋，非要搞一紅一黑，強烈的反差形成鮮明對比，卻有不少人為之買單，如風靡一時的以廁所文化為主題的餐廳，即是產品感官滿足的典範。

# 第四節　讀圖，顏值即經濟

美貌是一種經濟學！

這不是筆者杜撰的，而是一位美國商人的實踐。此公閒來無事，玩了一次老產品翻新實驗：僅僅把包裝進行了時尚化設計，捎帶還把價格提升了 30%，結果這款「穿了新衣的舊產品」銷量突飛猛進 —— 增長了兩倍！

商戰中，消費者用錢對商品顏值投票；生活中，人們常依據「顏值」來做判斷。人與人打交道注重「第一印象」，也就是「第一眼效應」，美麗在第一眼中占有天然的優勢！人本來就是視覺動物，好看第一！資訊社會，追求人格化的品牌，「顏值」效力陡然放大，讓顏值成為一種經濟學，開啟了快速決策的新模式 —— 讀圖。

## 全腦決策，視覺化生存

人之所以能主宰萬物，皆因有思維。思維是大腦活動過程中形成的一種相對固定的形式，能影響人們分析與解決問題的行為和結果。人的思維是一個全腦決策過程，人腦分成兩個部分 —— 左腦與右腦，右腦感性，負責處理圖片，左腦理性，負責處理文字，二者相互影響。

全腦決策，權重卻是不一樣的。圖片與文字作為資訊最基本的形式，在大腦中的處理方式與速度是不一樣的，文字本身是中性的，本身沒有情感色彩，需要經過處理才能與我們的經驗判斷連繫在一起，這個理解的過程需要更多的時間和精力，影像是充滿情感的，圖片比文字訊息更容易處理，更容易在大腦中留下印記，從這個角度講，人其實是感性的。

很長一段時間，人類與這個邏輯相左，因為我們曾經很窮，為生存而戰的時候，必須精明理性。隨著人類的發展，物質的豐盈，生存已不是問題，安全已有保障，人一自由，右腦感官就會被激發活化——透過視覺辨識形成感官判斷。在消費領域，消費變成了一種感覺型事業，感覺的基礎是圖片，一位知名廣告人就提出一個著名且有用的論點：形象比名字更容易記憶。

## 資訊氾濫，讀圖來臨

網路的出現，資訊人人造，一夜之間，替全球罩上了一張碩大無比的資訊大網。資訊就像陽光、空氣與水一樣，無處不在，無孔不入，大量資訊使我們的感官膨脹。

物極必反，文字太多，人們被迫囫圇吞棗、蜻蜓點水，被逼學會速讀與縮讀，「多、快、好、省」成為大家接受資訊的標準和方式，同時，人們對文字產生審美疲勞，單調枯燥的文字讓人不過癮，甚至有點麻木，大家需要鮮活、大膽，甚至搶眼的圖片來不斷刺激我們麻木的神經。

圖片感官刺激越強，越容易脫穎而出；資訊含量越大，越容易快速做出判斷，越節省時間。用圖片、動漫、數位來表達情感，讓工作生活走向卡通化，讀圖時代來臨。

## 眼球經濟，圖片第一

全球資訊化時代來臨，整個社會由慢節奏變成快節奏，時間成為最稀缺的資源，花錢「買時間」成為大家共同的選擇。

時間價值突顯，也為全球帶來了一場商業革命：傳統商業，歷來主張空間價值，打的是占便宜這張價格牌，透過物理接觸形成體驗，進而形成購買決定。時間重構商業，賣點是快，買點是懶，主張「不動而獲」，這就是網路經濟。

網路經濟中，消費者做出購買決定不是出於對物品的體驗，而是建立在視覺感知之上。從此，商業從頭腦爭奪戰變為眼球爭奪戰，顧客用眼睛投票，而且平均給你 15 秒的時間（快閱讀習慣，人們對一個話題在 15 秒內做出判斷），如果不能吸引眼球，不能激發顧客的好奇心，無論你做多少努力，一切都是白搭。網路經濟產生新的品牌規則，就是用精美的形式和視覺衝擊力來吸引大眾的目光。

## 顏值時代，設計成就品牌

網路時代，眼球經濟，吸睛第一。顏值就是吸引力，設計成就品牌。據研究顯示：農業時代，設計創造的價值占產品總價值的 5% 左右。工業時代，設計創造的價值占總價值的 20% 左右。網路時代，設計創造的價值則占總價值的 60% 以上。

顏值經濟時代，必須把設計寫入品牌法則，將設計加入品牌策略，讓產品有氣質、有顏值，打動人心又吸睛，這樣才能讓顧客買單，才能在競爭中勝出。

視覺化時代，設計是品牌的靈魂，設計是形象的具體化。品牌內涵及品牌願景必須先行。要從核心消費族群出發，洞察他們的喜好和審美，將這些要素提煉出來。設計師將這些要素進行藝術加工，從包裝、產品、形象等維度傳遞給消費者，並能讓他們清楚感知並接受自己的審美。

## 包裝藝術化

包裝藝術化，即用藝術的形式、市場化的語言，將藝術的朦朧含蓄轉換為精確、量化的方式，讓消費者直接、感性地認知，從而幫助商品從眾多競品中脫穎而出，使消費者留意、停頓、觀察、讚賞，並產生購買行為。

## 產品角色化

產品角色化，即創造一個經典的數位化形象。在所有數位化產品中有一類很獨特的產品叫做快時尚類產品，其娛樂性很強，產品中有幽默、耍賤、賣萌的性格，與網路的平民精神高度契合，在行銷過程中易產生放大效應，甚至形成病毒傳播效應。

## 形象標籤化

形象標籤化，即為形象打上標籤，讓形象快速記憶。標籤化不是口號化，也不是簡單的符號，而是用簡潔的方式把使用者的靈魂、夢想表達出來。標籤化是小身材、大心臟，是一個形象、信念、語言、情感四合一的工程。

# 第五節　有型，個體引領潮流

**有性格，收穫一切！**

這些年，網路勢不可擋，與生活融合，全面激發活化個體，個體得到尊重與彰顯，不加粉飾甚至誇張地彰顯，這個彰顯是外貌、行為、風格的真實表現，這個表現叫「有型」。

有型是自我覺醒後的個性表達，人本來就是獨一無二的個體，誰不是歲月累積的頂尖人物？誰不是紛繁元素的組合？人生如戲，每個人都應該是自己的主角，可是多數人卻串到別人的劇情中，跑起了龍套，這一跑就是很多年。

網路時代，人人是媒體，有了輕鬆便捷的表達管道，有了包容的文化，人們願意也勇於暴露自己的生活，個體耀眼登場，用自己的眼光看世界，用自己的腦子獨立思考，過自己想過的生活，終於從別人的劇情中回到自我的生活中，活出自己的色彩。

活出自我色彩，本質上還是一個經濟問題！個性也好，色彩也罷，在飢腸面前是如此遙遠與虛幻。到了 21 世紀，農業大國變成工業大國，從少部分人先富起來到全面建成小康社會，生活與保障早就不是什麼事。充實了口袋，人們就有心情去充實腦袋，腦袋的豐富讓人們開始獨立思考，形成自己的視角與觀點，個性自然形成。

網路時代，我有型故我活，表達全然不一樣的自我個性和主張，消費總是連著時尚與先鋒，品牌要夠酷、夠炫，要帶領潮流，成為眾人的焦點，承載顧客的「魅力」的夢想，產品要以個性為潮流定性，才會打動消費者。

## 萌名，魅力的起點

「魅力」是個性表達，更是一個記憶符號。記憶的最佳方式是有一個好名字。魅力的起點是名字，一個有魅力的名字能將外表與內心連繫在一起，一是符合審美，二是高度濃縮。一套概念體系，能與顧客產生共鳴，防止競爭對手進入。

可見，行銷的起點就是擁有一個萌名。萌名本來就是存在於顧客內心的想法，我們要做的不過是幫助其發現而已。發現萌名，其實前面已有論述，由於萌名實在太重要，再說一次也很有必要。萌名可走寫實風格、誇張路線、可愛狀態等，讓名字好看、好記、有趣，更有個性。

## 顏值，魅力的基本法則

在行銷中，顏值是最大的賣點之一！運用搶眼的包裝，塑造感官體驗，玩的是感受與記憶，形成一種心理暗示，從而增加產品價值。品牌進入視覺化時代，包裝不僅是形象的具體化，更是消費者需求的具體化，是品牌的靈魂。專家研究顯示，設計創造的價值占到總價值的 60% 以上，企業要在策略層面將設計寫入品牌法則。

打造產品感官體驗，方式很多，最強而有力的只有一種：情景素描。其藉助於鮮豔的色彩或可愛的卡通形象，在產品包裝上進行平面描畫，或者把立體的卡通形象新增到產品包裝上。如原宿娃娃，一切都是那麼新潮、醒目、精靈古怪、時尚可愛和好玩！

## 風格，魅力的密碼

有型的最高境界是擁有自己的風格！風格是什麼？用通俗的說法，就是習慣成自然，用簡單的語言來講，是個性、特徵、潮流集合而成的一種持續不斷、內容統一的文化。

魅力其實是消費者的自我表達，彰顯自我價值，並不是權威擬定的表現方式。在行銷中，魅力代表流行文化而非經典文化，流行文化具有不拘一格、來去匆匆的風格，只是瞬間的綻放。也就是說，魅力永遠在路上，只有起點沒有終點，而且變化莫測，唯有親身體會，才能掌握轉瞬即逝的機會，所以，未來的組織必須是無邊界的，與消費者共生共長，未來只有一個組織，那就是生態組織。

有型，我有我風格。不粉飾個性，不掩藏自己，而是彰顯自己，亮出自己的觀點，展示自己的興趣愛好，處處用與眾不同來表現，甚至表演自己的個性。如果沒個性，在大千世界裡就只剩下一張尋常的臉，誰都無法認出。那麼，你就會被遺忘，這在個體崛起的時代絕對是不允許發生的。

整體來講，個性的表達方式有兩種，一種是軟性表達方式，透過自己的語言與行動來與別人形成區別。當然，華語語言體系多樣，一詞多義，這個需要細心體會才能對此有所理解。另一種是硬性表達方式，就是借用物化的標籤來表達自己是一個什麼樣的人，有什麼愛好。這對行銷者而言是機會，也是挑戰，這需要產品人格化，更需要產品個性化，在大同的世界「智造」大不同。

市場最大的特徵是行銷無定術，創新與個性化需求日漸重要。如何在個性崛起時代引領商業潮流，在大同的世界創造大不同，可見第二章中的詳細闡述。

## 第六節　變傻，外腦決策的年代

科技使人變傻！

傻在此處指的不是低智商，儘管人類在開發大腦（據說人類只用了5% 的大腦）方面沒能獲得突破性進展，事實上人類也沒變笨，理論界的研究也顯示，近幾十年人類的智商水準沒有退化！

網路語境下的「傻」是一個全新的定義，一種網路化的生存狀態，人們越來越懶得用腦，不僅不喜歡記憶，甚至不愛思考，「有問題找網路」成為人們共同的選擇，開啟「外腦決策」新時代。

「外腦決策」來得快，衝擊力大，入侵並改變我們的生活。專家們擔心，外腦是有野心的，它們在某些方面正取代大腦的工作，指揮著人們的行動，這讓人的思考能力束之高閣！另外，人為干預和利益導向，使得搜尋結果變得趨同，思維被影響，社會就會被複製成一個大同世界。先知先覺者如大前研一發出振聾發聵的呼聲——我們正在進入一個低智商的社會。

其實，情況沒有那麼糟糕。讓外腦決策正是資訊爆炸時代「多、快、好、省」地接收資訊的新方式，是一種化繁為簡的策略和藝術。這一偉大創舉讓人們在複雜多變的網路浪潮中自由衝浪，快樂地享受！

網路在滑鼠、觸控式螢幕的帶領下，席捲全球的每個角落，全面占領了人類頭腦，資訊爆炸，嚴重「超載」，人們的感官膨脹，科學家甚至統計出網路上一天產生的資訊量高達 800EB（1EB ＝ 10 億 GB），如果裝

在 DVD 光碟中要裝 1.68 億張。單說數字，大家可能無感，舉個例子吧，僅某一個影片網站一秒鐘上傳的內容，就可以讓一個人看一輩子。資訊已經氾濫，曾經，我們可博聞強記，來個諸子百家無所不通，讓人羨慕。現在，要把大量的資訊儲存在大腦中，要麼累死，要麼讓大腦爆炸。

曾經，人們必須有一顆記憶能力強的大腦，追求的是將知識記牢，因為在應對問題時，書到用時方恨少。而今天，網路的突飛猛進與電腦技術的出神入化，讓資訊知識的儲存更多地存在於網路中，我們用一部智慧型手機，隨時隨地可以找到需要的任何資訊。手機就是萬能大腦，很多知識沒有必要去記住，你也不太會有動力去記住它。

人類用智慧創造了網路社會，如硬幣的一體兩面，在帶給人們便利的同時，也給人帶來了一場資訊災難。為了避免資訊超載，人們被迫囫圇吞棗、蜻蜓點水，為了快速解決問題，人們直接尋找結論，應對如潮水湧來的資訊，不得不降低對事物的耐心，關注粗淺的資訊，以「多、快、好、省」的方式來自我保護和自救。

在資訊大爆炸的今天，人類知識的普及總和呈現幾何級數的成長，任何人都需要「深＋博」的組合才能生存。職業技能需要深，唯有深，工作才能出色；生活常識需要博，沒有一定的廣度，在資訊時代寸步難行。求博就只能知其然，不能知其所以然。「多、快、好、省」的資訊處理模式不是逐漸喪失思考判斷，更不是過濾資訊的能力缺乏，而是資訊傳播和分享的一種方式。降低資訊溝通和分析的成本，讓資訊為我所用，而不是把「我」累死。

有人擔心網路讓人高度依賴，越俎代庖為思考代工，電腦變成人腦的一部分，改變並指導人，長此以往，機器進化，人腦退化。很多人擔心有那麼一天，電腦會主宰整個地球！

科技進步不是取代人腦，而是讓一切變得越來越簡單，把自己從繁亂的瑣事中解脫出來，讓大家從容面對生活，讓生活更加豐富多彩，同時，也把大腦解放出來，將有規律的事情交給電腦，將智慧和精力放在探索未知世界方面，這是一種選擇，更是一種智慧。

傻其實是在資訊超載時代借用外腦決策的行為模式，是一種簡明輕快的生活策略，是一種化繁為簡的生活智慧。消費者的思維變了，行銷也必須改變。

消費者啟動外腦決策，對行銷產生了一種破壞性的創造力。行銷，本質就是賣貨，過去賣貨拚的是音量，誰的音量大，誰就能用產品搶占顧客心智，就能在競爭中脫穎而出。

工業時代的行銷，音量決定勝負，你擁有好的點子與好的產品，卻沒有足夠的音量，點子與產品就無法走進消費者的心。這產生了很大的負面效應——大家不敢創新，因為即使你是原創，盜版者也可以藉助音量領先一步傳到消費者心中，於是盜版變成原創，創新者為他人作嫁衣裳，於是市場出現了那麼一段山寨戰術流行的特殊時期。

行動網路時代，感測技術、大數據、演算法等技術推廣普及，智慧型終端就是萬能的大腦。一些不那麼重要的知識沒有必要去記住，你也不會有太大的動力去記住它。在商業實踐中，很多產品使用參與度不強，關注度也不那麼高，這類產品的聲音，我不會聽，我不一定聽，聽了也記不住。此時，音量不再是優勢，而變成了噪音。

因此，行銷人必須放下比音量的思維，而是為顧客建立一套外腦決策系統，即藉助網路建立一套數位資訊體系，打破時空，全天候隨時隨地讓顧客快速獲得足夠多、有價值的資訊，減少決策的時間，輕鬆做出判斷。數位化決策體系要打造專業的內容，建立信任基礎，提供化繁為簡的資訊決策體系，解決決策燒腦、耗時的問題，讓消費者快速、輕鬆地做出決定。

網路全面進入生活，網路資訊影響顧客決策和購買決定，任何一個產品都需要開啟數位化生存，所以我們一直強調，在網路時代，任何企業都是媒體。外腦決策，內容是基礎。這個內容是有要求的：第一，必須專業。第二，可以識別。第三，適用有效。第四，必須用多種方式表達。第五，內容植入人文關懷，形成一種身分認同，形成統一價值觀。用網路語言來說，內容必須是核心內容，是 IP。

連結，就是用最短的距離和最快的速度讓顧客與資訊發生連繫。行動網路時代的連結是有特殊要求的：第一，必須潤物細無聲，不能形成噪音和干擾。第二，隨時隨地，無處不在。第三，自由自願，不強行捆綁。只有這樣的內容，才能真正發揮作用，產生價值。

最短的距離，最快的連結，不是一個簡單動作，而是一套組合拳：第一，建立 SEO（搜尋引擎最佳化）體系，便於搜尋。第二，建立熟人的社交體系，便於按讚轉發。第三，建立泛眾類的傳播體系，如臉書、IG 等。第四，建立自媒體的文字連結體系。用一句話概括，就是必須涵蓋使用者常見常用的所有網路工具和方式，讓內容在網路上可以輕易接觸，暢通無阻，自由流動。

化繁為簡的資訊決策體系，使用者一看就明白，耗時少，不燒腦，有用，有實效，使用者可以簡單快速地做出決策，並且能實現綜合價值最大化。文字本來就博大精深，「說」不僅是技藝，更是藝術，特別是要把話說到使用者心坎裡，這一點行銷人要用一生來進行修練。

當然，不管是技術，還是藝術，都是可意會還能言傳的，建立一套簡明有效的溝通機制，還是有方法的：第一，必須告別宏大敘事，以實效來做內容。第二，告別空話，講有料的內容。第三，告別長篇大論，學會長話短說，用盡可能少的字把內容說清楚。第四，放下神話，用人話，也就是用顧客自己的語言來表達。第五，簡單直白，用輕快、淺顯的語言或者文字把深奧的產品專業知識講得明白。第六，重內容也重表現形式，圖文、音訊、影片全上陣，讓資訊充滿網路，方便使用者在有限的時間閱讀和理解。

# 第二章
# 個體崛起，消費更新的真相

顧客革命，個體崛起，自我覺醒，從我出發，遵從內心，為自己的喜好買單，追求情感、功能、價格的平衡，這才是消費的真諦。

## 第一節　內生消費，消費更新的真相

主流升級，消費更新。

這是近年市場的主調，消費更新不僅呼聲大，而且做得更猛，狂熱風暴席捲了大地的每一個角落。行銷人如果不談消費更新，大家都懶得理你，做企業不與時俱進升級更新，就代表在不久的將來被淘汰出局！

消費更新來勢凶猛，影響深遠，其實是有理由的，不是一個，而是四個。

第一，平均每人所得大幅成長，這是消費結構變化、消費等級提升、消費更新正式步入快車道的顯著象徵。

第二，麥肯錫研究顯示：消費者發生了重大的變化——更願意為體驗、環境、情感和服務買單，消費主流從大眾產品轉向高階商品，從購買產品向購買服務轉變。

第三，新中產階級崛起，並逐漸成為消費的主力軍，消費觀念從「購買產品」轉為「享受服務」，追求個性化、多樣化、高品質、體驗式消費。

第四，在國家策略層面，消費被視為經濟成長新的引擎，促進消費成為經濟轉型的主要驅動力。

消費更新不再是小打小鬧的賺錢機會，而是國家策略的重要組成部分。國家策略的宏大敘事和廣闊前景，激發夢想無數，升級更新的熱情被全面激發，大家放開限制大做特做，大企業希望老樹開新花，實現贏家通吃；創業者希望後來居上，實現草根逆襲。

我們已經身處消費更新的大趨勢之中，消費主導的時代已經來臨。重構產品與服務體系，用體驗和服務讓消費者買單成為企業轉型的主要方向。

消費更新吼得凶，做得猛。有條件的要更新，沒條件的創造條件也要更新，讓人尷尬的是，共同努力的結果是效果不太好：消費更新，很多企業在用飛機播種，鐮刀收割。儘管有專家的聲援助威，但大企業積極參與的策略主力產品再造還是看不到成功的影子；雖然有資金保駕護航，多數專案還處於燒錢階段，前景很不樂觀。

於是，市場一片嘆息聲 —— 實體不好做。市場從來就是有人哭就一定有人笑，談更新一片嘆息，但與更新背道而馳的降維策略卻星光熠熠。

一升一降，悲喜兩重天，這讓專家搞不懂，更讓企業家困惑，這到底是什麼邏輯？消費的真相到底在哪裡？

真相與道理，其實古人早就告訴過你，古人云「為富三代方知吃飯穿衣」。搞清楚這句話，你就清楚消費更新與降維策略冰火兩重天的不同遭遇。這個事說來話長，必須回顧一下消費簡史。

過去，一些消費者自我迷失，藉助物化的東西來彰顯自己，不理解品牌內涵，更無法體會消費的真諦，只買大品牌。此種消費模式下，消費者不根據個人的品味和實際需求，而是只買貴的，不買對的，消費不是為了自己，而是給別人看，這叫做外生消費。社會影響力有一個法則 —— 窮人看富人，富人看貴人！外生消費模式最典型的特徵就是貴人是意見領袖，消費的風向標。有些專家不從企業實踐出發，看到這炫富式消費，便犯了迎合暴發戶的毛病，把更新當作漲價，把價格當作炫富的籌碼，而不是把新消費看得清楚明白。

未富先奢的消費會毀了我們。其實這不用過分擔心，暴發戶病是社會發展過程的產物，也是成長必須付出的代價。看看奢侈品從美國到亞洲轉移的路線圖，你就明白這個道理。要移風易俗，需要較長的時間，甚至兩、三代人的共同努力，這就是古人說「為富三代方知吃飯穿衣」的道理。

幸好，未富先奢終於可以翻篇了，我們用很短的時間就和暴發戶病說再見了。說再見是因為新中產階級開始搶班奪權，無論是在事業上還是在消費上，都開始取代老一代成為主力軍。新中產階級以「7 年級生」（也包含部分「8 年級生」）為代表，他們受過良好的教育，豐富的知識讓他們有良好的辨別能力，能認識事物的本質和洞察自己，有獨特的見解與主張，他們不容易被糊弄，也不再自我迷失，他們要做最好的自己，無須藉助物化標籤來展示！新中產階級的消費已經不是錢的問題（錢在他們眼裡根本不是問題，即使沒有錢，也可以貸款，他們相信自己賺錢的能力），只為自己消費，標準只有一個 —— 我喜歡我選擇！這開啟了內生消費模式。

內生消費，即聽從內心的呼喚，喜歡就好！喜歡是感性的，很重視情感認知。對企業來說，將喜歡這個理念引入產品，產品已經不再是一個簡單的生產和消費問題，而變為一種社會對話的語言，即以品質、效能為基礎，承載他們的情感，展現他們對美好生活的需求，展現對美好生活的追求。這樣的產品才打動人心，打動人心的產品就能價格脫敏，那麼他們不僅樂於買單，還會積極主動為你按讚。

這似乎與主流的消費更新理論是一致的。

如果你真這麼想，其實你還沒有將消費者看透，你忘了另外一面：消費者個性的崛起，知識的豐富，文化的自信，見識與見解讓他們了解到很多產品不具備情感（即使有，也只是品牌單方面強加的），以及對生活的理解與感悟，這會讓他們認為一些商品其實沒有那麼重要，也不需要那麼豐富的情感屬性。這類產品要回歸到最根本的產品功能，其會擠乾品牌溢價的水分，CP 值才是其喜歡這類產品的理由。這類產品也不是情感歸零，而是弱情感，是一種簡單的生活享受。

也就是說，內生消費同時啟動了兩個按鈕：一個按鈕是精神享受，花大價錢來購買體驗與情感，此時價格脫敏；另一個按鈕是物質主義，注重功能和 CP 值，開啟省錢模式。新中產階級的消費模式就是：一邊享受著高級產品帶來的快樂，一邊盡可能尋找 CP 值高的商品，滿足簡潔生活的邏輯。在這種消費模式下，原本龐大的中間市場正在逐漸瓦解，消費逐漸呈兩極分化，這正是我們不看好主流升級的原因。

消費更新，將引發新一輪的品牌革命，我們的判斷是：未來的市場中將只剩金字塔尖端與底部，那些在價格上無法競爭，又不具備溢價能力，不能滿足簡單生活的品牌，必將處於「中間死亡地帶」，並被淘汰出局。

## 第二節　專業主義，意見領袖就是你

個性覺醒，專業崛起。

這是筆者幾年來一頭栽進自媒體領域創業，與消費親密接觸的體會與心得，也是內容為王時代打造品牌的基本法則。

消費更新，為個性買單。在公說公有理、婆說婆有理的網路時代，這是難得的共識，沒有異議。個性化消費最典型的特徵是我的地盤我做主，獨立自主有一個前提「我懂」，「我懂」建立在專業知識的基礎之上。沒有專業知識，任何人都不會有判斷力，沒有獨立判斷力，一定人云亦云，那麼彰顯個性也就無從談起。

消費更新，本質是一場顧客的革命，是消費者從奴隸到將軍的角色轉換，重要推手就是資訊對稱和資訊自由。其實，品牌是個舶來品，從一開始，我們就有一個質樸的理念 —— 品牌是消費者的，消費者說了算。理念並不等於實踐，一些企業對消費者的態度是：上帝不離口，背後下黑手。原因很簡單，資訊不對稱，而且單向流動。媒體易被操控，消費者也就容易被操縱，這個時候，做壞人成本很低，做好人成本卻很高，劣幣驅逐良幣。當然，這都是過去式，改變從網路普及開始。

網路海嘯，資訊獲取管道多樣，來源豐富。在大數據思維的形成與推廣下，人們不再是被動接收資訊，而是主動連結和運用。新技術使普通人也能做出合理的分析和科學的決策，資訊對稱度大大提高，使用者越來越專業，專業化生存成為一大趨勢。

市場起步於稀缺時代，這為劣幣提供了生存空間。不良商人那一顆老鼠屎搞壞了市場這鍋湯，諸如有毒食品添加物這樣的事件擊碎消費者的底線，不會輕易信任某個企業。他們鎖緊了心門，對產品和服務不只是簡單接受，而是變得更為講究，甚至挑剔，在購買上走到品牌的對立面，不再相信品牌一家之言。購買之前，從通路、網路、社交圈、口碑等多個維度去獲取資訊，以進行驗證，不會輕易下單。資訊驗證行為的搜尋、使用、分享、交流等過程，形成專業消費圈，這個圈子的影響越來越大。

網路讓草根有了話語權。草根因為被壓抑得太深太久，他們的表達願望如脫韁的野馬，甚至嚴重情緒化。偶爾栽花，常常種刺，好事可以出門，壞事卻可以傳千里。由於消費者越來越難伺候，企業必須小心謹慎，被迫走上解決消費者深度需求的專業之路，專業化產生價值的時代到來。

專業消費崛起，專業產生價值，不少人不認同，因為有很多事實擺在那裡：在網路上，吹牛無罪，售假有理。現實真的把理想擊得粉碎嗎？其實不然，這說明專業產生價值的緊迫性與必然性。

其實，這只是網路發展的上半程，網路革命不徹底，行動網路帶來了二次革命。上半程是搜尋引擎時代，一些事件直擊公眾的底線，消耗公眾對於 SEO 的信任感，大家轉向開啟社交圈信任模式。基於強關係的信任感，藉碎片化的見解或經驗分享，幫助其他人做出決策，在分享、交流的過程中，其逐漸形成專業圈。小至家庭決策，大到企業經營策略，專業圈都能產生影響力。在新的資訊消費模式中，專業無疑是其中的領頭羊，以專業立家，做核心資源成為生存的基本法則。專業化生存，在商業中已拉開序幕，基於自媒體的小而美的電商風生水起，在平臺級電商中，專業扎實的傳統品牌後發制人，已全面趕上並超越純電商品牌。

專業主義生存有兩種方式：第一種方式，消費者本身知識越來越豐富，越來越專業，甚至成為某一領域的意見領袖。第二種方式，就是藉外腦和外力，借力實現自己的專業主義。專業主義流行，品牌就必須建立在專業基礎之上，這是一個全新的邏輯，引發一場新的商業革命。

專業崛起，人們更懂產品，產品才是開啟顧客心門的鑰匙，企業必須回歸產品這個根本，踏踏實實地把產品打造成一個「大殺器」。打造產品從功能開始，我們常用同質化和精神消費這兩大藉口，把產品空心化。其實，物質功能層面是基礎，沒有這個堅實的物質基礎，就沒有品牌等一切上層建築。我們應從功能出發，讓產品閃耀著人性的光輝，讓產品好用好玩，這就是新產品主義的真理。這裡還有另外一個問題，有的產品是無形的，這類產品贏在價值創造，創造價值可以展現在生產、流通、交換、消費等各環節。為消費者提供最大化的價值，應該是企業孜孜不倦的追求。

專業消費，消費者從被動到主動。他們了解品牌和產品，有足夠的專業知識作為決策支撐，還會與品牌積極互動。相應地，品牌應在消費者主動搜尋、分享、交流過程中主動發生連結。這就要求企業重構產品，產品不再是簡單的產品，產品即內容，產品即認知。

產品即內容，即建立每個產品的知識體系，將每一個產品打造成一個IP。打造產品這個「大殺器」，必須內容先行，讓產品有附著力，將價值、理念、技術、服務、體驗熔為一爐，用專業、專注且長期的堅持做好原創內容，對內容的經營如文火煲湯，成為核心內容輸出者，讓有價值內容解決深度需求，並且要有趣，讓人喜歡。因此，任何企業都是媒體，任何產品必須是一個 IP，品牌就是一個 IP 群組。

資訊爆炸，知識細分，即使一個領域的知識，要窮盡也是不可能完成

的任務。網路時代，在生活方面，消費者啟動淺嘗輒止的模式，讓自己的知識廣而博；在生存方面，必須專家化，在某一個或幾個領域專而精。廣而博與專而精完美組合，就是時代賦予消費者的特徵。也就是說，在新的消費模式下，消費者個體早已身兼多重身分：既是資訊接受者，也是資訊生產者和傳播者，憑藉碎片化的見解或經驗分享，幫助其他人做出消費決策，一不小心就成為某一個領域的領頭羊。社交模式下，當消費開啟朋友熟人的推薦，尋求更專業的決策支持時，在搜尋、分享、交流中，由專業消費者引領的知識型內容行銷產生，以泛知識資訊交流為核心的內容平臺形成。企業開啟知識行銷，基於優質內容有計畫地整合知識傳播，徹底打破傳統行銷模式中使用者只能被動接受資訊的模式。企業透過向行業、領域內愛好者傳達知識性資訊，打造交流平臺，以提升消費者對品牌的文化品味認知和好感，拉開與追趕者的距離。

## 第三節　CP 值，消費最本質的邏輯

顏值動人，價格動心。

這是筆者與消費者近距離接觸破譯的消費者心智密碼，也是網路創業做操盤手的行動指南，筆者主業是賣貨，副業是寫文章，這也是其作為文字工作者指點江山，為企業開出的藥方。

普遍的共識是，某一個主流市場若是低價的，作為世界工廠時，做的是螞蟻商人，賺的都是辛苦錢。要從低價製造向創造轉型，就必須與低端說再見，轉型更新刻不容緩。

這種市場流行價格戰，結果銷量有了，利潤卻沒了，品牌更因此走向死亡。忙於打價格戰的企業，沒錢也沒時間靜下心來進行研發。這樣的產品技術不高，競爭力不足，被鎖定在價值鏈的底端。要想參與全球競爭，企業必須告別低階的價格戰，增加技術價值，學會打價值戰。

隨著新中產階級的崛起，可支配收入的提高，消費發生了重大的變化。消費者更願意為體驗、環境、情感和服務買單，從大眾產品到高階商品，消費與價格逐漸脫敏。

消費更新不僅僅是企業的事，作為經濟轉型的驅動力，還被視為國家策略。這時還拿價格做文章，逆潮流而動，是筆者江郎才盡，還是譁眾取寵？

現在不急於下結論，我們用現實說話！筆者有一雙與專家不同的眼睛，看現實的可行性。任何問題必須從實踐中來，到實踐中去。關於消

費，就必須與消費者近些、再近些，只有剖開他們的頭腦，打開他們的心門，才能發現事實的真相，弄清事物的本質。

其實，暴利在市場幾乎無處不在，睜眼可及，閉眼可觸。如果說天價菸、天價酒、天價宴席等不關民生，與你我之間的關係都不大，那麼日用品產業的十倍暴利空間，服裝產業動輒二、三十倍甚至高達六十倍的暴利空間，與你我可都是息息相關的，買單的可都是你我這樣普普通通的消費者。

市場價格戰漫天飛舞，無品不打折，無品不促銷。大家看到這個現象卻沒弄清本質。一些消費者對價格高度敏感，這個敏感並不是追求物美價廉，是占便宜而不是真便宜。便宜，比如說一瓶酒的實際價值是一千元，實際售價八百元，也就是一位企業家說的「金子當銀子賣」，那才是真正的便宜。所謂占便宜，就是某酒標價一千元，實際賣八百塊，其真正價值是多少只有廠家與老天爺知道，但肯定低於八百元，消費者不明就裡，認為自己撿了個大便宜。市場流行價格戰，很多是利用消費者占便宜的心態，價格戰的規模沒有想像的那麼大。

說消費更新，品牌化營運就能提升盈利能力，其實是無知者無懼之談。位於品牌頂端的奢侈品，價格一般高不可攀，在普通人眼中，奢侈品的利潤比毒品還高，事實真相卻不是這樣，奢侈品也沒有那麼賺錢，甚至還有一點慘淡。如 LVMH 集團，貴為奢侈品全球老大，利潤率也只是百分之十幾，開雲集團 (Kering) 作為全球奢侈品老三，利潤比賺搬運費的螞蟻商人好不到哪裡去，還有更慘的，很多奢侈品品牌其實一直是賠錢的。

消費更新，公說公有理，婆說婆有理，真相到底是什麼樣的？答案在消費者那裡。眼下這個節點，消費更新的本質是平民的崛起，市場的話語權從菁英轉移到大眾這裡。曾經，社會流行菁英主義，普通人對菁英崇拜和嚮往，積極向菁英靠攏，常藉助物化的標籤來顯示「菁英」的身分，在消費上就形成了菁英引領、普通人跟進的局面。消費不是為了自己，而是消費給別人看的。當社會建立起強大的文化自信，對個性認同與尊重，大眾崛起，開始追求做最好的自己。文化的自信讓他們在彰顯自我時無須藉助物化的標籤，消費者追求的是自我感覺和體驗，這時消費是取悅自己，不再消費給別人看。大眾的規模優勢讓消費的主導權發生轉移，我們要將眼光轉向普羅大眾，發現並尊重他們的需求，這才是消費更新的真諦。

消費更新讓消費變成一個感覺事業，感覺沒有對錯，而是喜歡！喜歡了我就選擇，這就是消費決策的模式。如果某個品牌能展現他們內心的滿足與成就感，能承載顧客對美好生活品質的渴望和夢想，產品附著的情感與他們的內心產生了共振，他們就會喜歡，就會花大價錢購買，其實這是一種自我奮鬥後的自我激勵。花大錢買單是一種對生活的喜愛，與傳統的展示炫耀相去十萬八千里。有一點不可忽視，即產品需要強大的功能，才能讓情感有所依附。懂得這個道理的其實是奢侈品，他們價格雖然高不可攀，但品質卓越——一雙靴子可以穿 10 年以上。英國女王（Elizabeth II）在威廉王子（Prince William）的兒子滿月這種重要場合，會穿 20 年前的晚禮服，就說明了這個道理，這才是品牌真正讓人崇拜的真理。

文化的自信，知識的豐富，獨立的見解與主張，讓消費者告別了品牌認知的初級階段，開始追求個性與情感。這展現的是平凡人對尊貴精神和品味生活的追求。不注重張揚，更注重含蓄內斂、精緻、低調、智慧和平淡，價格也並非高高在上。將這些全新的認識引入品牌，為生活織就與眾不同的質感，展現普通人對美好生活的追求，這才是新消費帶給市場的

「藍海」。世界服裝大廠 H&M、ZARA 等就是因為洞察到這一變化，才獲得了極大的成功。

為情感買單只是消費更新的一斑，而不是全貌。大眾自我的崛起，對自我和生活有更明確的認知，又會讓他們認為一些商品其實沒有那麼重要，也不需要具備情感屬性。這使得他們在消費這類產品時，會擠出「附加價值」的水分，去除品牌的泡沫，還原消費的本質。其實，這是另外一種精神價值 —— 簡單，讓消費者選擇更簡單、更方便、更便宜的產品。

網路時代，產品已經不再是一個簡單的生產和消費問題，其成了一種社會語言，成了連繫顧客的紐帶，寄託著顧客的希望和夢想。然而無論消費者如何變化，兩個根本性因素不會改變：一個是功能，一個是價格。

產品的本質是功能，沒有功能這個基礎，情感、靈魂將何所依附？我們把功能、價格、情感進行配對，可形成五種消費模式。

- 功能超強，承載強情感，貴買便宜用，偶爾為之，這將成就頂級品牌。
- 功能強大，承載強情感，便宜買便宜用，常常為之，這將催生很多平民品牌。
- 功能平平，無法承載情感，貴買貴用，這就是那些無良品牌，很快就會消失。
- 功能實用，承載弱情感，便宜買便宜用，時時為之，形成去品牌化運動。在這一點上，很多人有誤會，以為其不承擔情感，其實這是消費者返璞歸真的表達，是一種簡單化的生活方式，如無印良品。
- 功能弱，不承載感情，便宜買貴用，不得已為之，這就會如某寶上的眾生，將日漸式微。

新 CP 值是一種革命性的力量，有重構市場的能力 —— 淘汰劣質產品的生產商和那些謀求短期利益者，使企業升級更新，加速進入品質競爭、技術競爭、品牌競爭、服務競爭、體驗競爭的新層次。這就要求企業同時建立價值鏈管理和供應鏈管理，兩鏈融合。只有這樣，才能在未來的市場中占有一席之地，甚至成為大贏家。

# 第四節　嘗鮮，螃蟹大家都愛吃

**人生一世，嘗鮮二字！**

隨著網路的普及，個性的崛起，人們開始追求更大膽的夢想，把令人驚嘆的資訊當作一種獎勵，人人都勇於探索陌生事物。過去，唯有膽大包天的英雄才敢吃螃蟹，現在，普通人也會爭先恐後去嘗螃蟹的獨特滋味。

嘗鮮，其實是人之本性，自古有之！現代心理學研究顯示，人類有兩種行為模式：一種是自衛模式，自衛模式追求安全第一，有強大的路徑依賴，讓我們停在熟悉的區域享受舒適；另一種是尋偶模式，尋偶模式崇尚標新立異，並把陌生事物、新鮮感當成對自己的獎勵，這驅使人們告別熟悉，探索未知的領地。人生其實就是探索未知與維護已知的平衡。

關於人生，有一句話叫「好死不如賴活著」，本能讓我們停留在熟悉的舒適區，讓生活平淡如水，但是，人時不時會冒一下險，尋找新鮮刺激，讓生活多姿多彩。西方人早就把這對矛盾完美統一，喜歡一道菜，兩年百吃不厭，為一雙新鞋，露宿街頭好幾天也心甘情願。

21 世紀，文化的自信讓人性全面復甦，網路的普及全面激發嘗鮮這一本能，開啟了一個豐富多彩的新時代。

網路引發文化海嘯，多元化價值觀形成並得到尊重，人們勇於打破一切傳統，顛覆舊有的秩序。新秩序有全新的做事風格和哲學，人們具有批判精神，勇於挑戰甚至否定權威，人們對新鮮事物充滿好奇，有勇氣探索新事物，創新成為一種常態，也成為社會前進的原動力。

文化自信，多元化得到尊重，個性主張得到認同，自我意識終於覺醒，人們有了強烈的表現欲與支配欲。人們用與眾不同來表現甚至表演自己。此時，人們並不拒絕大眾化商品，但也追求獵奇，透過新奇來展示個性，展現自我。

伴隨著文化自信和自我覺醒的是我們有了一定的經濟基礎，可支配收入大幅增加，願意也樂於為興趣與愛好買單，不差錢這個推手，將嘗鮮從曾經的先鋒消費推向普羅大眾，讓嘗鮮能力得到普及。

文化、經濟和個性三者合一，讓消費者的消費心理發生了重大變化，對「嘗鮮」興趣日漸濃厚。權威研究顯示，某地消費者很喜歡新產品，近四分之三（72%）的消費者宣稱他們在最近的一次日用品採購中購買過新產品。這表現在市場中，就是新穎奇特的產品大行其道，如最臭的鯡魚罐頭、最拉風的衣服、最辣的火鍋等都能成為人們追逐的對象。

知易行難，即使企業全面洞悉人們的嘗鮮心理，要把嘗鮮變成市場業績還有一段遙遠的距離，因為不是簡單地推出新潮、炫酷和時尚的產品，就能獲得消費者的認同。這其實需要一個系統工程，要在尊重顧客對新事物、新思潮的接受程度基礎上，從他們的價值觀、消費觀念、情感出發，重構品牌體系，以創新為動力，引領消費者一路前行。

## 年輕姿態的文化基因

文化是品牌的基因，產品要「領鮮」一步，企業必須與時俱進，重塑品牌，讓品牌保持年輕姿態。年輕姿態的品牌文化必須是工業文明和資訊文明的複合體，植入網路文化的基因（包容、開放、透明），自我進化與生長。

年輕姿態的文化基因，當然不是簡單做加法，以為加入網路就大功告成了。網路時代市場話語權易位，消費者是品牌的主人，品牌文化必須告別過去的輸出主義。這是一場發現之旅，發現消費者的夢想與希望，用貼近生活的產品帶給他們全新的體驗，用他們自己的語言系統來表達。企業的使命不是創造而是發現與加工 —— 把分散在消費者生活場景中的文化連起來，形成一個體系，這需要企業與消費者共同成長、共同進化，形成一個全新的生態。

## 創新造就神器

「領鮮」最有競爭力的表達方式就是人無我有，翻譯成行銷專業術語，就是創新。創新是一種神奇的力量，可以「智造」神器，可以顛覆行業結構，讓後來者脫穎而出，獲得後發制人的優勢，創新的產品新鮮度最高，在行動網路時代也最受歡迎和熱捧。

創新最革命性和最有想像力的方法是新技術、新材料的運用。網路時代，資訊去中心化，最重要的是知識分布方式的變化，原本金字塔式的知識結構被打破，透過社交進行連結形成蜘蛛網式的結構，原有知識體系被解構與重組，舊貌換新顏，老樹可以開新花，新觀念、新思想層出不窮，形成創新的溫床。

網路時代，技術變革日新月異，生物與醫藥技術、航太技術、新能源技術突飛猛進，新材料技術（如高分子材料與工程、無機非金屬技術）每日精進不休，資料技術（如雲端運算等）更是一日千里，最後有了新的基礎設施，這些新技術為創新提供了強大的原動力，新產品如雨後春筍般層出不窮。

技術的日新月異支撐起大眾的創業夢想，也激發了萬眾創新的熱情。

創新一直作為企業發現藍海市場的基本策略而被寄予厚望，顛覆性創新不僅僅能製造讓人尖叫的神器，更是後發致勝、打破行業現有結構的最有力武器。做一個品牌，不僅僅是為了賺錢，還要有改變世界的野心。

## 快速疊代，引領潮流

「領鮮」是有保固期的，支撐現代商業的是流行文化，流行文化本來就是快速的，網路又是一個加速器，鮮來得快，也去得易，於是人們普遍審美疲勞，必須用新穎奇特激發顧客的消費審美。

新穎奇特的本質是創新，做到人無我有，人有我優，基本路徑和方法是新技術、新材料的運用。商業實戰中出現突破性的技術與顛覆性的新材料是小機率事件，比如手機這麼多年也只是完成模擬、數位、智慧三級跳，持續「領鮮」似乎成為一個不可能完成的任務。

顛覆性創新是小機率事件，微創卻是大數法則，也就是不斷小改革，給使用者更好的體驗，基本思想是手裡拿一代，眼裡看一代，心裡想一代，搶在他們情感變化之前，推出全新的產品吸引他們的眼球，順便讓他們掏腰包。這個方法叫疊代，如何讓產品永立潮頭，請你耐心看第三章或直接跳到第三章第七節「疊代進化，讓產品永立潮頭」，我們會給你系統化而且一用就有效的方法。

## 低成本嘗鮮

曾經，嘗鮮是先鋒消費者的事，先鋒消費只求新奇，不用實惠，即不太注重實用。現在，嘗鮮成了普羅大眾共同的選擇。普羅大眾與先鋒消費一樣注重人的個性和自由，對不同的觀念和行為表現出更多的包容，關注新穎奇特，喜歡新鮮事物。普羅大眾與先鋒消費者的不同之處在於，在新穎奇特中找到合理消費的最佳平衡點。普羅大眾與先鋒消費對嘗鮮的定義和追求是不同的，需要從新鮮度、價格、品質、實用等維度考量，對鮮的認知是透過功能和價格來完成的，說直白一點，普羅大眾的嘗鮮必須是一種低成本模式，也就是消費上講的 CP 值，這是最基礎的邏輯，產品必須實用，可以不完美但不能有功能性缺陷，產品的使用成本不能太高，這才是真的「領鮮」產品解決方案。

## 第五節　便利，追求時間價值

一寸光陰一寸金。

傳統商業的核心是「空間價值」，在一個特定空間比價格，價格是第一要素；網路時代，商業的核心是「時間價值」，特點是讓顧客不動而獲，便利性是第一原則。

網路時代，進入資訊社會。在資訊社會，講究速度與效率，工作與生活由慢節奏改為快節奏，人們所有的時間被填得滿滿的。網路讓地球變成一個村，站在家門口，參與的是全球競爭。大家處於匆忙狀態，最缺的就是時間。

與網路相伴同行的是城市化程序，城市化最大的特點就是功能板塊化與條塊化，生活變成全城化。生活半徑增大，從此距離成為問題，日益增加的交通壓力，消耗人們不少時間。更糟糕的是，距離還成為一把利劍——時間被分割與分裂，時間零碎化！人們再也沒有大把、大段的時間，零碎時間如何運用卻一直沒有很好的方案，本來就不夠用的時間越發顯得稀缺。

網路風潮，帶來資訊爆炸，不僅量劇烈增加，質也有極大的變化。網路是新理念誕生的溫床，各種新理論如雨後春筍般層出不窮，必須在有限的時間隧道裡，接受更多的理念與方法，否則你就落伍了。人的接受能力是有限的，心理學研究顯示，人的一生大腦能處理大約 173G 位元組的資訊，目前，僅影片網站一秒上傳的資訊量，就遠遠超過這個數，也就是

說，人目前正超負荷地接收資訊。眼睛處於忙碌狀態，人變成螢幕奴隸，即使向天再借五百年，時間依然不夠用！

時間是有限的，在某一方面用得多，其他方面就用得少，平時工作繁忙，多數人無暇顧及日常生活，用金錢換取簡約、省時的生活方式何樂而不為呢？

時間重構商業，傳統行銷沒有教過我們，現實中似乎也找不到可參照的標竿，時間的價值體系到底如何建立？要運用好時間這把利器創造商業奇蹟，還得回到消費者那裡，看一看他們的行為發生了什麼變化。

消費是一個行動過程，大體上可以分為資訊收集、體驗、決策、下單、付款、收款、售後等節點，工業經濟時代，除資訊收集有獨立的管道外，其他行為是一條連續的線，體驗、決策、下單、付款、售後都在一個空間裡、在很短的時間內完成，這個時候空間價值第一。

網路時代，消費者行為本質上沒什麼變化，大體上還是這個流程、這些節點，但是發生的方式卻完全不同：首先是資訊來源多樣，可能在線上，也可能在線下。其次是付款方式有多種選擇，如信用卡、線上支付。網路時代消費將線性行為分解為節點，節點分布在不同的時間和空間，消費者隨時隨地任意購。

從這些消費動作來看，節省時間只是商業價值最基本的一個點，時間的商業價值是消費行為碎片化，分布在不同時空。品牌要重建一套體系，隨時隨地與消費者發生連結，滿足任意購，這套體系是建立在產品數位化、懶人產品和全通路體系之上的。

## 產品數位化，連起時間碎片

用時間重構商業價值，在消費者這個節點，第一個出發點是讓消費者快速準確地認識產品，只有這樣，他才能知道產品如何對映出自己的夢想與內心，才能知道產品是為自己而生，才能做出正確的決策。推動消費決策還有一個方式，那就是藉助別人來為自己做判斷，也就是社交圈的影響力。

產品數位化是資訊時代的產物，任何一個產品都必須是「物理產品＋數位產品＋社交」的組合，否則產品走不快也走不遠，而且有被淘汰出局的危險。產品數位化包含內容數位化、功能數位化、體驗數位化、形象數位化。要打造數位化這張牌，方法很簡單，認真學習本書第三章第三節「數位化，替產品裝上翅膀」，連結起消費者的時間碎片，你就能為你的產品裝上數位的翅膀。

## 產品包容力，節省時間

網路時代，處於快節奏生活的人們總覺得時間不夠用，時間價值突顯出來，引發商業重構。時間重構商業最直接最重要的體驗來自於產品，能幫消費者消除煩瑣的環節，把日常生活中的諸多問題打包，提供一站式的解決方案，這是省時效應開啟的新消費模式。

網路時代的產品，遵循「多、快、好、省」的哲學。產品必須有包容性，聚合多種功能，成為無所不能。「無所不能」產品有三大支撐點：第一是產品人性化，好用易用耐用。第二是功能疊加，一品多功，解決更多的問題。第三是場景同購，同一時間同一空間下，一站式解決諸多問題

（甚至是相互排斥的問題）。此時，產品已更新為一種社會化對話語言，成為流量入口。從產品到自帶流量產品，幾字之差在行銷上卻是一道寬廣的鴻溝，要讓產品成為入口，可以有系統地學習第三章「入口，自流量產品打造」。

## 數位通路，建立快速服務體系

通路是與顧客發生交易最重要的環節，通路曾經也是一個「三高產業」，耗時、耗力、耗錢，在快經濟年代，耗時耗力都是不可承受之重，消費呈碎片化，品牌必須打破傳統以空間為核心的通路布局，建立一個便捷快速的服務體系，與消費者形成完美配對。

數位化通路，運用電商的涵蓋能力消除空間距離，讓客戶站在家門口全球採購，讓產品無處不在、觸手可及。數位化通路運用數位技術讓線上線下一體化，追求一站式的解決方案，即集體驗、服務、口碑於一體，線上店與線下店必須無縫融合，以滿足顧客的需求。這個體系其實就是新零售，這是決勝未來的基礎，要弄清楚如何做，請繼續閱讀。

## 第六節　不同，正在崛起的個體

新經濟的單位不是企業，而是個體。

這個時代最偉大的變化不是網路，而是個體的崛起，從「我們」到「我」，個體不再微不足道，個體社會正在崛起，社會變得越來越個性化。

個體的崛起，是一個漫長的進化過程，其發生在行動網路時代，是四大驅動力共同作用的結果。

- 第一驅動力：價值多元，個人價值得到尊重。
- 第二驅動力：文化自信，個性得到認同。
- 第三驅動力：經濟豐裕，人們有錢，可以為個人喜好買單。
- 第四驅動力：制度保障，法制完善，開啟了個人自治的新模式。

個體崛起，圍繞日常生活建構一個小世界成為商業的顯規則，也就是說新的經濟單位不是企業而是個體。個體的小世界，個性是底層，這個時刻，有性格就能收穫一切，無論是撞臉還是撞衫，都絕不允許發生，更不能接受，從此，我們的生活和世界都變得多姿多彩。

個性崛起，個性行銷就應運而生。其實，在行動網路時代，提個性行銷，有那麼一點點炒剩飯的嫌疑。行銷的基本任務就是要創造唯一性，滿足顧客個性化的需求。個性行銷這條路其實早就堵塞不堪，大家千方百計破譯個性的密碼，期望引領消費潮流，最終實現行銷改變世界的夢想。個性化行銷，看起來近在眼前，但行銷人無論如何努力，明明有機會就是抓不到，即使抓到了也變不成錢，最終無所作為。這有主觀認知上的障礙，

也有客觀條件上的限制。

主觀認知障礙，就是行銷技術與個性需求不相配。個性行銷是一個喊了很久的話題，曾經的行銷手法是市場細分。市場細分最初是相當簡單的，基本上只有年齡、地域、教育、收入等框架性的維度，這幾個維度是一個簡單歸類，對客戶需求多元化與複雜化考量不多，甚至沒有兼顧消費者的情感因素在購買中的影響力。

網路時代，對消費者的關注已從外在因素進入心理層面，從統計學的單維變數轉換到消費情感層級的多維變數，不僅是橫向的細分，也有縱深的細分。市場細分也有了新的方法，「傳統＋網路」雙輪驅動，即傳統企業嫁接網路大數據，以企業內部交易資訊、物流資訊、人與人互動資訊為基礎，從有形細分向無形細分（目標市場抽象化）轉化，解析大數據，尋找關聯性，以小而精作為切入點，盡可能選有交叉的、窄的領域，對顧客進行精確描畫，讓產品折射出消費者的希望與夢想，以此來實現個性化行銷的目標。

粗分也好，細分也罷，其實都是要找一個群體的共性，實現方式是一個群體的最大公約數，與個性相去甚遠。儘管行銷人心裡裝著個性，視角卻是共性，儘管個性與生俱來，我們就是發現不了，結果仍是在製造天下大同。

洞察個性需求是一個技術工作，有些個性化需求每個人都可以感受得到，而且很強烈，但在工業化時代，仍然沒有解決辦法。道理講起來很繞，還是事實比較有說服力。比如鞋子，我們每個人都要穿，世界上沒有完全相同的兩雙腳，每雙腳走路的方式也不一樣，每一隻腳的著力點也是不一樣的。鞋子的功能有幾點：第一，提供保護。第二，減震。第三，糾正人的走路方式。第四，美觀。為了實現這些功能，必須建立在研究每一隻腳的資料和行為模式上。工業化時代，生產線作業，雖不至於削足適履，但基本無法滿足大家的個性化需求，甚至由於鞋底減震與行走模式的不相配，讓我們付出了健康的代價。所以，我們認為，私人訂製加彈性化生產可以滿足個性化需求，這將顛覆製鞋行業。

個體崛起，消費者有強烈的願望，也有足夠的能力圍繞自己的日常生活來建立起一個小世界。作為行銷人，有責任將消費者的夢想和生活方式透過產品表現出來，貼近個體生活，帶給顧客全新的體驗。讓我們的生活世界變得大不同，讓每一天都過得精彩，這是行銷人的責任，也是必須解決的問題。

個性化行銷，在同一世界中創造大不同，在行動網路時代有全新的內容與方法，那就是堅持一個中心，三個基本點。一個中心就是以個體為中心，三個基本點就是從小數據洞察需求，運用場景重構功能，彈性化訂製個性化產品。這樣不僅可以滿足個性化需求，引領個性化潮流，還能在當下實現快贏，在未來實現久贏。

## 一個中心：以個體為中心

曾經的行銷圍繞著市場轉，關注的是競爭對手，推行的策略是 SWOT 模型。今天，圍繞著人來重構商業，而且這個人不是群體而是個體。以個體為中心的商業建構，以人性為出發點，基於顧客價值創新解決方案，精準掌握顧客脈搏，洞察他們的需求，用貼近生活的產品來承載他們的夢想，與個性完美搭配，融為一體。

## 三個基本點

**從小數據精準發現需求：**以個體重建商業，幫助他們發現自己內心的需求是行銷之道。解決方法只有一個，運用網路把顧客行為數位化，關注特定時空下的小數據，為的是發現場景下使用者的痛點，集合形成需求圖譜，為使用者提供一站式解決方案，這樣的產品才貼近生活。

**場景化重構功能：**個性化的需求是產品與個性搭配融合，這就需要將人的複雜性、多樣化、多變化解碼具體到一個特定的空間、時間、環境中，高效精準地將需求與功能相互搭配，滿足需求的同時，讓產品個性光芒四射。

**彈性化訂製個性化產品：**個性時代拒絕撞臉，應告別工業時代大規模生產，運用大數據技術、人工智慧技術、新材料、新工藝，實現彈性製造和生產，為單個客戶或小量多品種市場訂製任意數量的產品，同時讓產品具有大規模生產的低成本和速度優勢，讓產品有個性和 CP 值，帶給使用者最大的綜合價值。

個體崛起，大家都在追求大不同，由此引發一個全新的商業問題，任何商業都要有一定的涵蓋，微眾是無法產生商業價值的。其實，我們創造大不同，其本質是說品牌建立在個體之上，這有兩層意思：一個層面是個體強烈帶有標籤化的需求。另一個層面是個人在社交模式下的生活方式。說得簡單一點就是物以類聚，人以群分，我們可以從中發現價值，即找超級個體，從個體發出的聲音中找共同價值觀；可以維護價值，即把它分散在內容中，以內容去吸引「志同道合」的使用者，建構有信仰的社群體系。這是個體崛起最主流的表現，也是個性行銷最佳的解決方案。

## 第七節　喜歡，從此跟著感覺走

消費沒有春秋大義，只是跟著感覺走！

人生最大的困難，莫過於選擇！當今社會，難不在於沒有選擇，而是可供的選擇太多。選擇成為一個讓人幸福的煩惱。面對選擇困難，消費者要有化繁為簡的能力：聽從內心的聲音，跟著感覺走！

### 消費更新是回歸人性的根本，這個根本就是感性，其實這並不是我們的發明創造，也不是什麼新觀點，其實是炒冷飯。行銷有一個基本的認知：感性是思想起源，也是消費的起源。偉大如現代行銷之父科特勒(Philip Kotler)，很早就從消費實踐中得出三段論：第一階段，量的消費。第二階段，質的消費。第三階段，感性消費。感性消費，是消費的最高境界，注重購物時的體驗和人際溝通，以個人的喜好作為購買決策。

市場從稀缺起步，拚的就是量，焦點是買得到和買得起；相當長一段時間，消費者由於購買力有限，被迫理性消費。經濟發展後，物質極大豐富，產品過剩，由於資訊不對稱，人們並不能輕鬆自由地消費。

網路時代，資訊獲取管道多樣，來源豐富，使得普通人也能做出合理的分析和科學決策，資訊對稱度大大提高，廠商被迫做老實人，消費者不擔心被操控，開始輕鬆自由地消費。

21 世紀伴隨著「7 年級生」、「8 年級生」甚至「9 年級生」成為消費的主體，多數人的基本生存和安全已有保障，沒有壓力，奮鬥只為享受！另外，由於前幾代人吃過太多苦，有嚴重的補償思想，總希望下一代過好一

點，新一代價值觀中多了「玩樂」的觀念。

新一代的消費者受教育程度高，有強大的文化自信，喜歡彰顯自我。消費由外生模式（不是為自己消費，而是消費給別人看的，展現的是面子哲學）轉為內生模式（為自己消費，注重自己的感覺與內心）。內生模式讓他們不再仰視品牌，而在乎內心的感受。感覺與理性無關，沒有「好」或「不好」的標準，只有「喜歡」或「不喜歡」的直覺。

網路時代，時間成為最大的奢侈品。消費者不需要也不必要弄清真相，憑經驗、感覺快速做出購買決定，跟著第一印象的感覺走就是最優選擇。

感覺是一種情緒，情緒是一種虛無飄渺、可意會不可言傳的東西。在捕捉消費者感覺上，企業將變得無能為力？事實當然不是這樣，喜歡，是一種情緒情感消費，更是一個可靠的決策，閃爍著智慧的光芒，這是消費者具備豐富商品知識和購買經驗後，從外部特徵洞悉內在品質，快速決策的過程，這把他們從紛繁複雜的選擇中解放出來，把時間投在更能產出價值的地方。

## 我懂你

懂在文化中是神聖而高雅的，因為懂，士為知己者死，因為懂，女為悅己者容。懂的力量太神奇，所以成功者都以知人為第一要務。行銷本來就是與人打交道的事業，讀懂顧客是基本功。

行銷上的懂以產品為基礎，產品是開啟顧客心門的鑰匙。你，沒有走進消費者的內心，你的產品不是他的菜，怎麼可能讓其滿意，懂就無從談起。懂就是發現消費者的內心需求，創造並滿足他們的需求。更高境界的懂，就是發現顧客沒察覺的需求。有一些需求存在於顧客心中，但他們並不知道，你幫助顧客發現了，實現了，就能創造讓他們尖叫的大殺器。

懂作為一種精神方式，更高的境界是心有靈犀一點通，用市井的話來說就要與顧客在同一個頻道。更直白的說法，懂其實是大家臭味相投，自然物以類聚。懂在行銷上要求品牌有一顆開放的心，做人不做神，為企業植入親民的基因，真正把消費者當成主人，與消費者持續對話，對等交流，真正洞察他們，透過其行為找到共同的價值觀，並以此來建立可持續的使用者社群，大家共同前行，品牌才能走得快，走得遠。

## 高顏值

「佛要金裝，人要衣裝」，特別是消費者有選擇自由後，這種主張再度被提起，消費者追求的是完美，「顏值」與「氣質」並存。網路時代，一方面，工作與生活快速運轉，必須快速決策，氣質需要慢品，顏值只需遠觀，在慣性思維下，顏值就成了一種對映；另一方面，在資訊對稱的條件下，商家不敢糊弄消費者，大家也相信顏值背後一定有氣質，顏值成為最大的一個賣點，產品不僅拚氣質，更看顏值。

商業從頭腦爭奪戰變為眼球爭取戰，顧客用眼睛投票，要打動人心先搶眼，否則，無論你做多少努力，都是白搭。設計成就品牌，用藝術的形式，運用市場語言表達，給消費者直覺、感性的認知。

產品是顏值的重要擔當，但不是全部。顏值不是一個觸點，而一個流程體系，從產品出發，從溝通起步，以銷售介面為核心創造美、傳遞美，使用者與品牌的每次連結、每一次接觸都是一次藝術之旅，把使用者置於藝術大觀園，讓使用者被美融化，融為一體。

## 新鮮感

消費者喜歡嘗試新生事物，創造新鮮感已成為品牌領先的不二法門，如何在多變的市場玩出新花樣，請讀者溫習本章「嘗鮮，螃蟹大家都愛吃」一文，並以此來指導自己的實踐，你就能趕在消費者購買前弄出點新花樣。

行動網路時代，使用者對新鮮感的興趣很濃，他們不喜歡與周圍人用相同的東西。這要求企業必須對市場變化高度敏感，特別是要對日新月異的技術洞若觀火，而且勇於積極實踐。然而，從技術到產品要走的路風險極大，必須具有把技術商業化的能力。保持新鮮感，企業，特別是領先企業，需要尤其注意，成功者由於具有強大的路徑依賴，他們很多時候會對變化視而不見，如智慧型手機技術是 Nokia 發明的，摘得果實的是蘋果。涅槃重生，這需要勇氣，更需要智慧。

## 正當性

消費需要理由，雖然消費者注重的是自己的感受，不太在乎別人的看法，但我們可以給他一個理由，讓他們知道產品對他們有多麼重要，讓他不再徘徊、猶豫與拖延，立即行動下單。喜歡在價格上有兩個表現：一個是產品具有很高的 CP 值，滿足消費者簡單的生活理念；另一個是高階消費，在不脫離功能的基礎上，融入情懷。有情懷的產品一般都有那麼一點水分，所以，必須給產品一個正當理由，讓消費者自己說服自己。

其實，任何產品都有其獨特而有趣的話題，只要留心，產品的外觀、功能、用途、價格、細節都有文章可做，比如新奢侈主義，強調自我實現的激勵，顧客不僅被感動，而且心動，從而行動。

替產品找話題，賦予其人格化特徵與故事，可以讓產品變新鮮、變親切，外在主張與消費者自我概念發生強烈共振，讓人不知不覺地從思想、情感上認可並最終接受。

# 第八節　娛樂，消費新風向標

走個性之路，做娛樂行銷！

個體崛起，娛樂文化興起，娛樂成為生活的重要組成部分。行銷必須因顧客而變化，將娛樂元素注入產品，用娛樂進行解構與重組，讓消費者在娛樂中體驗，用歡快的氛圍開啟情感之門，讓產品順利觸及人心方寸之地，才能贏得市場！

網路時代，講究迅速與效率，工作將人們所有的時間填得滿滿的，工作與生活由慢節奏改為快節奏。快生活替人們帶來強大的壓力，情感需求膨脹，娛樂需求全面激發與釋放。

全球經驗顯示，平均每人所得達到 7,000 美元左右，文化娛樂消費就會快速興起，文化娛樂消費快速發展，一場全民娛樂時代已經來臨。

資訊時代，生活和工作界限模糊，開始融為一體，娛樂已成為生命的基本要素，花錢購買歡快的氛圍，成為一種時代的新風向標。

行銷的根本就是洞察並滿足需求，我們必須以顧客為出發點去理解行銷的本質，行銷不再是拿高音喇叭叫賣冷冰冰的產品，而是在行銷中注入娛樂精神，這不是搭娛樂的順風車，而是借力娛樂繁衍出新的商業模式。

## 產品玩具化

顧客花錢買快樂，於是娛樂行業興盛，票房屢創奇蹟，假日旅遊市場總是人滿為患，可見市場對娛樂的需求有多麼強勁。當然，如果你在這個層面來理解娛樂，那麼至少說明你沒掌握行動網路時代顧客的脈搏。行動網路時代，消費者最缺的就是時間，用大把的時間來娛樂是相當奢侈的，他們更希望娛樂無處不在，防止自己在生活中變得疲憊，甚至呆滯，讓自己隨時隨地有活力。完成此任務的唯一辦法，就是圍繞他們日常生活的小世界來建構娛樂系統。將娛樂重構在產品上，也就是產品好用好玩，讓消費者一邊用一邊玩，沉浸在快樂世界，這給行銷者一個全新的挑戰——產品玩具化。

產品玩具化不是我們造出來的，而是產品的基本功能，只是我們曾經視而不見。產品的本質是什麼？就是滿足顧客的需求。這個需求是立體的，既有最底層的安全需求（這就是我們一直關注的功能層面），也有高層的自我實現（這就是我們一直在追求的社會屬性層面）。行銷者必須重新定義產品，未來的產品是「產品＋玩具」的組合，讓消費者獲得一個產品，在不增加成本的前提下順帶收穫一個玩具。

產品與玩具深度結合，用好用、好玩為消費者創造全新的體驗，為人們帶去更多的快樂，其實知不易行更難，至今雖然有一些方向上的引導，卻缺少方法論的指導。從產品更新到「產品＋玩具」，其實沒有那麼複雜，方法我們將在第三章告訴你，讓你製造「上癮神品」——玩具化的產品。

## 傳播娛樂化

行銷就是溝通，在資訊氾濫成災的世界裡，顧客感官麻木，用一套新知識體系與顧客建立便捷的連繫，用情感與顧客互動，用快樂與顧客產生共鳴，用幽默激發顧客記憶，在歡聲笑語中將產品潛移默化地傳遞給消費者。

**調子要樂**：行銷必須有內莊而外諧的態度，以興奮、愉快的情緒與顧客建立連結，在消費者心中留下深刻的印象，使他們對品牌形成良好的態度。

**語言要精**：表達要技術化，更要藝術化，運用雙關語、誇張、比喻、象徵、諧音、俏皮話、警句、格言等語言形式，寓深於淺，讓他們在輕鬆、自然、風趣中接受你的訴求。

**立意要巧**：創意先行，要以諧而不謔的手法來表現主題，要符合受眾的心理常識，同時要打破一切常規。

**內容要鮮**：網路時代，快經濟下新鮮的話題、及時的資訊和直覺的現場圖片能吸引大眾的目光。

**形式要多**：要運用文字、圖片、音訊和影片等多種方式打組合拳，這樣才能激發消費者的興趣，形成與品牌的良好互動。

## 品牌娛樂化

品牌娛樂化，不是在行銷中加點娛樂元素，搭娛樂的順風車，而是重建品牌法則，洞察顧客的新需求和變化，以人性為核心，以創新功能為載體，為顧客帶來物質與精神層面的雙重快樂。

**文化重塑**：讓傳統文化與流行文化相融，使個體享受娛樂快感。以娛樂為品牌基因，讓品牌有料還有趣，易親近，有個性，引導時尚，引領潮流，為顧客帶來快樂時尚的體驗。

**個體為中心**：現代文明主張個體崛起，個體享受娛樂的趨勢得到認同，要以個性審美樹立角色形象，用快樂呈現生命深處的美，讓產品成為消費者走向幸福的載體。

**以社群建關係：**行銷不是買賣，而是建關係，是志同道合的人們聚集而成的社群，代表相同的生活理念和方式。娛樂化行銷透過價值把相同的人聚在一起，形成一個快樂的社群，讓品牌從個體的喜好變成群體的狂歡。

# 第三章
# 入口，自帶流量產品打造

社群時代，超級個體崛起，個體成為商業的基本單位，從個體喜好變成群體狂歡是產品的邏輯。產品已不再是簡單功能的集合，而是一種社會化的對話語言，是媒體，是入口，是品牌生態體系的起點。

# 第一節　顧客革命，產品重生

*產品即入口，價值即交易！*

這是筆者在最好也是最壞的年代行銷的致勝祕笈，也是作為文字工作者指點江山，讓幾個企業因此脫穎而出的妙方。

產品是行銷的基礎。產品那點道理我們都明白，曾經這樣講——品質出名牌，優品贏天下。網路時代，顧客從奴隸到將軍，市場話語權易位，引發一場產品革命。產品以內容的方式重新登場，市場翻開新的篇章。

產品為什麼會以內容這個方式重新登場呢？這是一個行銷問題，從消費者中來，到消費者中去。要搞清楚產品的新生，我們必須傾聽消費者內心的聲音，找到事實的真相，去偽存真才是「贏銷」的關鍵。

## 專業主義，內容成剛性需求

網路時代，資訊來源豐富，獲取管道多樣，資訊去中心化後越來越對稱，人們不再被動地接收資訊，而是讓資訊為我所用。SEO（搜尋引擎最佳化）技術的運用，大數據思維的形成與推廣，讓普通人也能做合理的分析和科學的決策，專業主義開始流行——一是人們變得專業，二是專業的資訊認知與獲取便捷，做出專業判斷變得容易。

行動智慧型裝置的普及，社交軟體的興起，開啟社群時代。社交模式基於信任這個強關係，藉碎片化的見解或經驗分享，幫助其他人做出消費決策。按讚、轉發、分享形成專業消費圈，小到一杯茶，大到一輛汽車，社交圈的按讚都能產生強大的影響力。

當使用者有了一雙專業的眼睛後，我們必須提供系統全面的資訊，接受使用者嚴苛的評判。在消費上，必須要求資訊先於產品出現，這個內容是集價值、理念、技術、服務、體驗於一體的解決方案。在這種認知模式下，產品成為內容，也就成了媒體，成了入口。

## 個性崛起，消費新定義

時間跨入 21 世紀，多元化價值觀得到尊重，自我意識逐漸覺醒，個性得到尊重和認同。另外，大家受教育程度越來越高，人們有強大的自信，個性彰顯，有強烈的表現欲，形成全新的做事風格和哲學，人們有勇氣探索新事物。

為美好的生活而努力，成為一種新消費理念，人們不僅追求更好的品質、更優的設計、更有用的功能，還主張把審美和精神需求投射到器物上，個性化、多樣化、高品質、人格化成為產品新標準。

## 個體活躍，新關係呼之欲出

網路倡導共享、開放、平等、自由之精神。技術進步、思想解放、制度完善三大力齊聚網路時代，啟動了個人的夢想，激發個人的能量，人人都是發聲者，話語權由菁英交給大眾，人們有選擇的自由，大家渴望表達自己。

個體活躍釋放出強大的能量，人們已不習慣被動接受，更喜歡主動選擇，人們對居高臨下的東西不感興趣，但歡迎身邊多一個玩伴，人們已不滿足跑龍套刷存在感，渴望成為主角——不僅是重在參與，還必須能建言建策，不僅設標準，還要管驗收，一副「我的地盤我做主」的姿態。

個體的活躍讓消費者的角色發生根本性的變化，人們拒絕赤裸裸的商業說辭；不是希望你賣給他什麼，而是替他們帶來什麼幫助；人們希望你不僅主動關心他，更希望你尊重他，認同他，讓他做主人。於是，使用者與企業建立起一種全新的關係，使用者不再游離於企業體系之外，而是全方位向企業滲透，企業與消費者那條清晰的界線已開始變得模糊，顧客從調查、產品開發、傳播、行銷與公關等環節全面參與，消費者與企業開始融合，形成一家人一體化的生態體系。

## 三位一體，新產品主義

專業主義、個性崛起、個體活躍三大力量共同作用，讓產品不再屬於一個簡單的生產和消費範疇，而成了一種社會對話的語言。

使用者參與創造，其實是把顧客從交易轉化到共生的一種新的關係；知識體系即內容，內容讓產品形成一種連結體系；人文關懷即人格化，引發顧客「文化與情感共鳴點」，實現功能價值和精神情感的完美融合。關係、內容、價值，一個不能少，這才是顧客賦予產品新的含義，它脫離傳統的產品思維，是工業社會的功能主義和資訊社會的人文主義的複合體。

## 開放組織，「智造」大殺器

消費者行為變化，誕生全新的商業模式與品牌法則，品牌是消費者的，消費者說了算——不是簡單地聽消費者的聲音，而是讓顧客全面介

入，影響企業各項行銷決策。這就是從消費者中來，到消費者中去，相信消費者，運用消費者的智慧創造產品，由消費者與企業共同創造價值。

從此，企業不再是我行我素——自主設計、生產、銷售，自己制定服務標準，銷售也不再單純向消費者轉移產品所有權，而是向顧客讓渡主導權。企業是一個開放的平臺，而不是一個封閉的系統，要尊重、迎合消費者的思考模式，用消費者的思維來設定企業的策略模式，真正敞開胸懷接納顧客，讓消費者不斷參與到價值界定與創造過程，請顧客對產品「指手畫腳」，全面參與設計與產品開發，讓他們自己創造產品，大家共同創造世界。

顧客的革命，其本質是回歸產品這個原點，共同創造世界，我們離這個新世界其實只有幾步之遙：第一，接納顧客參與，顧客成為產品的主人與專家，讓產品為顧客而生。第二，共創內容，建立可辨識的知識體系，有料有趣。第三，發掘群體角色並為之描畫，賦予產品「人性化」的特點，讓產品承載人文關懷價值，有溫度，閃耀人性的光輝。第四步，產品即媒體，使用者接觸產品就能擁抱靈魂。

內容、關係、價值三位一體是網路時代賦予產品的新定義，此時，產品是媒體，是連結的入口，載著顧客的夢想一起飛。

## 第二節　人性化，產品吸引力之源

人性洞明即學問，個性練達即行銷。

行銷是與人打交道的事業，必須關注人，研究人，把人性研究通了，行銷就成了。

洞明人性，行銷人一直在努力。只是同一本經，念法有本質的不同。工業時代研究人性，用的不外乎是統計和歸納法，關注的是群體，其實是在尋找一個群體的最大公約數，差別只是群體的大小。網路時代，自我覺醒，個體從群體中走出來，每個人都追求個性與主張。行銷人必須把視角轉向個體，關注個體，這是起點。

產品必須為個體而生，為其量身訂製，幫助行動網路時代個體在特定場景下便捷解決問題，並且實現綜合價值最大化，也就是產品易用、好用、富有情感、綜合成本不高，這樣產品才能貼近消費者的生活，才會被他們喜歡。

網路時代一場革命性的更新，其中一個重要的點，就是消費變成了感覺型事業——喜歡。感覺，一般只可意會不可言傳，在行銷上則不僅可意會，還必須可言傳，這才是行銷人的價值所在。只要你換上顧客的大腦，用他們的眼睛看世界，用他們的耳朵去聽，用他們的心去感受，你就會明白，顧客的喜歡，不是沒有任何道理地跟著感覺走，而是顧客進化後化繁為簡的選擇策略，更是專業主義的直覺化表達，是消費者尊重內心，為自己的喜好買單。消費是取悅自己，不是讓他人欣賞，這是個體崛起的結果，更是人性的復活。

個體崛起，彰顯個性、釋放人性成為消費者的顯性需求。商業本來就為滿足顧客需求而生，我們必須用人性對產品進行重構，把產品建立在個體上，運用個性化小數據讀懂顧客，使產品滲透人性，滿足顧客人性化需求，讓人性成為最強的產品驅動力，讓產品大放異彩。

## 以個體為中心

產品的最終消費者是人，我們的第一要務是考慮人而不是產品本身，只有將人與產品連結成一個有機體，才能成就我們的夢想 —— 成功。

從以產品為中心轉向以顧客為中心，這是我們一直都在做的，只不過我們一直關注的是一群人，而不是一個人，也不是我們不想關注，而是無法關注。個體是離散的，除了近距離觀察，基本沒有辦法，這樣做的結果，一是成本太高，二來這不是消費者本來的生活狀態。調查研究中，我們可能被一個假象誤導，比如我們曾經做的市場調查就是花錢買假象。

網路這個工具消除了時空的距離，更重要的是可以把消費者行為資料化，為我們提供消費者原生態的個性化資料。這樣，透過解析大數據，我們能感知他們的生活，發現源於其內心的需求，用貼近其生活方式的產品、體驗帶給他們最大化的滿足，這樣的產品才有溫度，才打動人心。

以顧客為中心，傾聽他們內心的呼聲，這只是最基礎的要求，網路時代，市場話語權易位，消費者從奴隸到將軍，追求我的消費我做主，企業不能做簡單的單向輸出，必須改成協同創造，這就要求品牌必須是平臺化的，組織必須是開放化的，讓顧客由外人變成家人，實現一家人一體化經營，業務流程等通通定位在縮小與客戶的交流距離上，幫助客戶更多地實現其價值需求。

## 人性功能設計

個體崛起，個性表達離不開產品，打造人性化的產品須考慮人體的生理結構、心理狀況、思考方式、使用場景等。要先分析消費者內心需要什麼樣的產品和服務；再分析技術——如何融入產品和服務，讓產品更好用，使用更簡便；最後定生產方式——運用新材料，新工藝，把大量生產變為個性化的生產，以滿足個體需求。

人性功能在網路時代以時間價值為基礎。21 世紀，競爭加劇，速度為王，生活節奏快，工作忙，大家最缺的是時間，所以必須學會偷懶——把自己從繁亂的瑣事中解脫出來。可以藉助場景設計等工具展望未來需求的多種可能，然後探索可能的市場變化對客戶需求的影響，透過對產品功能的開發和挖掘，實現多快好省的新消費理念。

多快好省的消費邏輯，核心有以下 4 個。

①簡單化。要操作起來簡單，便捷，易用，好用。

②融合。一品多效，一品多能，如一個整合式廚房爐具，解決多種場景需求，儘管價格不便宜，但還是成了市場新寵。

③好玩。產品玩具化，把枯燥的用法用誇張、魔幻、娛樂的方式表現出來，使用起來讓人愉快。

④高顏值。有氣質，更要高顏值，好用還要搶眼、養眼。

## 產品人格化

人們消費的不僅僅是物質，更需要透過消費來滿足精神的追求，即使是最簡單的去品牌化產品，也表達了一種簡潔的生活方式。我們應該在產品中植入人文主義的關懷，賦予產品「人性化」的特徵，使其具有情感、個性、情趣和生命。

產品「人性化」，就是以有形的物質形態去反映和承載無形的精神狀態，賦予產品鮮明的個性，靈動的情趣，豐富的情感，正向的價值觀，與消費者的脈搏互連，讓消費者把本身的生活態度、價值觀、夢想折射到產品上。從物質層面到精神層面全面滿足消費者，才能形成文化與情感的共鳴，才能透過顧客群的聚合形成次文化標籤。

## 品牌 IP 化

產品人格化，消費者需要透過產品功能解決問題，更追求價值和文化認同，產品必須附帶特定的情感和文化元素，成為一種情感和精神寄託。產品只是入口，新型的顧客關係是內容、價值、關係三合一，品牌昇華為 IP。

品牌 IP 化，是產品人格化的最高境界，以人性化的產品實現價值主張，以價值主張生成內容，以內容植入人文關懷，以人文形成身分認同，透過身分認同凝結成一種圈層文化，以文化凝聚，消費不再是交易，品牌進化成使用者的心靈家園，一個有信仰的社群。

## 第三節　數位化，替產品裝上翅膀

市場競爭是一場數位爭奪戰。

「宇宙即資料，萬物皆相連」，一位企業家提出的理念很有高度。網路大潮下，全球都數位化，地球上的一切都將直接或間接地透過網路相連，從此，人類的生活和工作環境具備了更多的數位化特徵，人類社會進入了一個新的時代。

數位化生活，全球已同此涼熱，人類集體變成「數位公民」。據某權威機構調查，人們已經無法忍受沒有網路的生活，一些國家的人們對網路的依賴程度驚人，離不開網路的受訪者的比例高達77%。

數位化生活，首先改變了人們的用腦習慣，一臺智慧型行動裝置就是萬能的大腦，很多其實不用記，人們可以開啟外腦決策。在消費上，相當多的產品參與度不高，關注度也很低，把記憶用在產品上已經變成一個小機率事件。但消費者的消費模式卻是專業主義，這個專業在更多的產品類別中都是藉助專業內容來做判斷的，藉助的方式就是數位化資訊。研究顯示，顧客購買前，多數透過社交、搜尋、尋找數位化資訊做決策，這一比例高達60%。這還是三年前的研究結果，如今，大家對網路的依賴度更高。任何產品如果無法透過數位資訊與使用者相連，基本上就是自絕於使用者，自取滅亡。

當下，由於生活忙，距離遠，時間碎片化，時間的價值越發珍貴，因此又出現一個全新的商業底層邏輯——時間價值。數位化生活消除空間

隔離，用碎片化時間創造便利，讓生活多姿多彩。在數位化生活中，文字會讓人無感，場景才能給人體驗，想一下我們每天發生的情景：清早起床，滑臉書順手送上幾個讚，再約個 Uber 匆忙往公司趕，辦公室樓下小攤前，刷線上支付買個三明治當早餐；工作到中午，Foodpanda 多快好省滿足轆轆飢腸。這些都是數位化創造的便捷生活。

過去，商業是一場頭腦戰爭，現在，是一場數位化戰爭。產品需要進入顧客的視野，必須先建立數位化體系。讓產品在數位化大海中脫穎而出的不是一個簡單的動作，而是一個全新的體系，即從內容、功能、體驗、精神等方面全部實現數位化，讓產品獲得強大的連結能力，因此容易脫穎而出。

產品數位化，是工業時代和數位的複合體：內容數位化，讓產品變成入口；形象數位化，讓產品與人連結；功能數位化，建構場景生態；體驗數位化，提升參與感。這套數位資訊體系，打破時空，全天候讓顧客快速獲得足夠多的資訊、體驗和情感，讓他們充分理解產品與自己的關係，減少決策的時間，輕鬆做出正確的判斷，這樣，你便替產品裝上了網路的翅膀，在使用者的世界裡自由翱翔。

## 產品數位化，縮短與顧客的距離

數位化時代，產品擁抱網路，第一要務就是用數位化的方式豐富產品資訊，讓產品資訊在網路上無處不在，以便人們快速、理性地做出購買決策。數位化時代之前，人類大腦是有限的，同類產品中形成記憶的不多，選擇有限。網路時代，網路記憶容量無窮，過去貨比三家（透過空間來完成），現在動動手指，足不出戶就可以貨比多家，且調查決策成本之低不足一提。這時，要在比較中勝出，拚的就是產品數位化技術。

產品內容數位化呈現，包含兩個方面的意思：第一，將產品內容各層次分清並提煉出來，產品內容的基礎層指的是物理層面，中間層指的是功能層，上層指的是精神層，各層次的內容必須全面平移到網路。第二，呈現方式要多維立體化，即圖文、音訊、影片全上陣，讓產品資訊充滿網路，動動手指就可以觸及。

社群時代，內容為王，只有優質的內容才能脫穎而出，才能獲得消費者的喜愛。優質內容要求：堅持原創，持續原創，有個性，有專業深度，有內容（有料），好玩，也就是要把嚴肅的產品用數位化方式表現得輕鬆愉快，這一點學學杜蕾斯，把那點事說得有趣，毫無違和感。

數位內容只有被消費者有效運用，才能真正發揮作用，運用的方式是連結。行動網路時代，連結一般有 4 層：第一層，便於搜尋，主要運用 SEO 體系。第二層，社交體系，建立信任與轉發。第三層，社群，便於參與互動。第四層，電商體系，所見即所得，便於購買。

## 形象數位化，賦予產品靈魂

新消費時代，顧客注重功能，也注重社會屬性——精神和內涵。這是一些品類獲得認可的前提。也就是說，產品的本質是認知，更是關係與價值，要與消費者產生共鳴，產生情感連結，情感連結行銷的專業術語叫角色化。

角色化是讓使用者在產品之中找到自己，趨向自己的幸福。角色要以社群形式，讓消費者開始一次發現之旅，這就要求企業洞悉社群的群體特徵與特質，深挖其價值主張，建立信任，在感情上產生共鳴，將消費者從

現實功能利益帶入虛擬精神世界，獲得更高的滿足。

社群時代，內容為王。可惜資訊超載，使用者對什麼內容都不會停留太久，內容拿來容易忘記也容易，唯有內容代表的角色會讓人記憶。產品數位化就需要產品形象數位化，這樣透過內容刺激感官，讓消費者自然地接受品牌精神。如何創造一個經典的數位化形象，第四章第三節「角色化，讓使用者在 IP 中發現自己」一文會做詳細講解。在所有數位化中，某娛樂產品和快時尚類產品，它們的娛樂性很強，產品中有幽默、好玩、賣萌的成分，與網路的平民精神高度契合，更具放大效應，甚至能形成病毒傳播效應。

## 嵌入數位功能，讓產品智慧化

數位化再向前走一步，運用數位技術增加產品的消費體驗，讓產品新增新賣點，即提供更貼心和人性化的服務，在互動體驗上更好玩、更有趣，更精準地感知人們的需求，讓產品更智慧化，增加其品質的附加價值，同時賦予傳統商品所不具備的資訊互動功能，提升產品價值。

數位技術豐富體驗，第一個方法是「產品＋應用程式」。網路時代的產品應該是一種組合體，產品是硬體（物理層面的產品）加軟體（應用程式）的組合，讓產品從傳統的物理屬性更新為資訊互通屬性。它既擁有傳統商品的使用價值，又嫁接了內容、場景、圈層、體驗，讓產品平臺化。平臺化的產品內容更生動、更豐富，產品使用更好、更人性化，功能更加強大、便利，同時產品因連結而擁有社交功能，圍繞產品可以建立一個封閉的社群。未來，單純物理意義上的孤立產品將消失，任何產品都是一個平臺，一個生態系統。

資料技術豐富體驗，第二個方法是「產品＋智慧配件」。未來的產品，運用數位技術，全面增加產品特質，產品加智慧配件的組合讓產品連通物聯網，互通互聯，建構起一個隨時隨地、滿足個性化需求的「智慧宮殿」，所有商品可以敏銳地捕捉到使用者的使用習慣，搭配更加有趣而實用的方式，提升服務能力。這就是得智慧者得天下。

產品智慧化在電子產品中已經拉開序幕，如今的智慧型裝置早已不等於冷冰冰的科技硬體產品，更開始向其他日用品行業滲透，比如，曾經有一家企業推出了一款智慧牛奶產品，並搭配同名智慧型體脂計共同上市。消費者能夠透過智慧型體脂計測量、記錄體重和體脂數值，在 App 中檢視運動紀錄、能量消耗紀錄。而廠商也將透過這些紀錄，提醒消費者在運動後及時補充蛋白質，並設有直接購買通路。

## 體驗數位化，提升參與感

網路時代，也是體驗時代，不僅是消費本身，還是夢想和精神的對映，「自我實現」的境界體驗即體驗經濟，企業要創造能夠使消費者參與、值得記憶的活動體驗，強調顧客的參與和親身體驗，讓他們透過體驗獲得美妙而深刻的印象，這是體驗的最高形式，即場景體驗。

場景體驗，以服務為舞臺，以商品為道具，以消費者為中心，透過場景把消費帶回真實的生活，以同理來完成消費。場景體驗由來已久，表現出色的企業卻很少。首先，顧客心，海底針，本來就難掌握，創造出的帶儀式感的場景體驗更是難上加難。建構體驗場景，耗時費錢，有些產品（如汽車），體驗起來存在風險；還有一些產品（如成人用品），無法建構場景。這再一次印證一個問題，知易行難。

運用數位化技術，可以化不利為有利，變被動為主動，變主動為互動。運用雲端服務、大數據分析，我們可以把顧客看得清楚明白，將消費屬性、社會屬性、產品偏好、交易偏好等類別進行標記，透過資料模型推斷客戶需求，為建構場景提供支援。

我們可以透過智慧型裝置、可穿戴技術、智慧機器人技術、虛擬實境和擴增實境技術，建構虛擬的體驗，透過場景強大的臨場感吸引消費者參與，消費者的參與過程又為發展數位化體驗提供資料支援，有效又方便。這方面 BMW MINI 是榜樣，他們使用智慧型可穿戴裝置、運用虛擬實境等技術，力求將消費者的視覺呈現和感官體驗與數位世界完美融合，以此提升消費者的參與感。

## 第四節　玩具化，「智造」上癮神器

玩是一種技術，更是一種藝術！

產品玩具化，是個體時代的結果，也是娛樂化消費的基本組成部分。

網路時代，「玩」成功滲透到各行各業，開創一種新思考方式——玩具思維。玩具化產品大行其道，顧客享受物質與精神雙重愉悅，讓其得到超乎尋常的滿足。

玩具化產品真有那大的吸引力嗎？回到我們真實的生活中，用事實來說話，卡通積木、猴子書包等成為孩子們的最愛；原宿娃娃香水，那新潮的、醒目的且有一點古靈精怪的造型是少女們的新寵；智慧型手機，是行動電話，更是一個玩具，是男女老少通吃的大神器！

產品玩具化，顛覆了產品認知，這個變化為什麼來得這麼猛烈？這後面的真相是什麼？這一切要從顧客的進化說起。

網路時代，顧客進化成雜食者，在雜食中，大家做出一個共同的選擇——萌。萌不是裝酷，也不是裝嫩，而是一種年輕的心態——保持一顆年輕的心，一份天真，一份對未來的希望，一份簡單的快樂。這不是壞事，是人類成長歷史中永遠無法擺脫的情結，任何人（不管是聖人，還是偉人）在某個特定的環境下都是孩子。

萌與消費相結合，會產生一種有趣的現象——玩樂概念，享受購買、使用過程的幸福與愉快。這對產品提出新的要求，實用功能與玩樂屬性合而為一，讓產品好用、好玩。

網路時代，速度第一，工作與生活由慢節奏改為快節奏，給人們帶來龐大壓力，需要娛樂來解壓。但是，娛樂不是花錢就可以買的，因為花錢買不到時間。

時間碎片與大量工作同時出現，發生連鎖反應，生活和工作界限模糊，開始融為一體，人們隨時需要娛樂，防止變得疲憊，甚至呆滯、無活力。唯一的解決之道是借用他們日常生活的產品來搭載，把好玩的元素新增進產品，讓消費者一邊用一邊玩，沉浸在快樂的世界裡。

產品玩具化，是個體時代的結果，也是娛樂化消費的基本組成部分，行銷必須因顧客而變化，用玩具化進行解構與重組，將娛樂元素加入產品，讓消費者在娛樂中體驗。

讓產品玩具化，僅需以下三招。

## 玩具功能附加

顧名思義，玩具功能附加就是在不增加成本的前提下消費者在獲得產品的同時捎帶收穫一個玩具，從某種意義上來講，玩具擁有贈品的功能，讓顧客有意外收穫。有一類產品，產品形態功能與玩具結合點不那麼明顯，我們可以採用以退為進的策略，不在功能上做文章，借用產品附件，在產品附件中加入可玩性，產品由一個產品變成「產品＋玩具」。

包裝與玩具結合的方式一般有兩種。第一，包裝可愛。運用設計的力量，採用鮮豔亮麗的色彩，可愛甚至卡通化的形象，塑造品牌的獨特基因，即可愛、時尚、精緻，不僅可以在終端脫穎而出，還讓擁有一顆年輕心的使用者愛不釋手，如走卡通路線的化妝品牌。第二，包裝即玩具。用現代工具的力量，在解決裝載和保護產品的同時，從生活和情境出發，將玩具功能附加在包裝上，讓包裝變成玩具，讓包裝具有娛樂價值，甚至收藏價值。如原宿娃娃香水，包裝是 5 個卡通娃娃，那新潮的、醒目的且有一點古靈精怪的造型，讓香水具有極大的吸引力。

## 玩具功能同構

有一類產品，它們的基本功能已經可以滿足人們，難有重大突破，人們對功能也無法提出更高的要求。對於這類產品，我們可以轉向玩具功能同構。

玩具功能同構，就是利用工業設計的力量，將玩具要素直接植入產品中，產品使用功能與好玩的特性完美結合，如坦克鉛筆盒、卡通積木橡皮擦、猴子書包等，這些普通的學習用具加入了玩具元素後，很受歡迎！

玩具功能同構更高一層的運用是，產品加應用程式。網路時代的產品，應該是一個組合體，產品由硬體（物理層面的產品）和軟體（應用程式）組成。網路這個萬能的工具，可以使傳統產品產生內容、場景、圈層、體驗、娛樂等附加功能，形成一個全新的生態體系，既能讓內容更生動更豐富，功能更強大，使用更人性化，也能讓消費者更快樂。透過智慧型裝置、可穿戴技術、智慧機器人技術、虛擬實境和擴增實境技術等，可以建構一個虛擬的體驗，讓消費者愉快地參與其中。如我們提到過的 BMW MINI，用虛擬實境等技術，力求使消費者的視覺呈現和感官體驗與數位世界完美融合，以此提升消費者的參與感和娛樂感。

## 玩具基因植入

玩樂是一個深層次的生物學過程，玩至最高境界，如武林高手「心中有劍，手中無劍」，即讓產品具有玩的基因而不刻意製造玩具的形象。最基本的方法就是用心體驗生活，在日常生活、細小動作中蘊含玩的基因，使人們在這些幾乎是無意識的動作中得到快樂，讓玩在情理之中，又在意料之外。

玩具基因植入生活，激發顧客的感官誘惑力，甚至賦予某種神聖意義，固化為一種儀式，不僅好玩，還讓人肅然起敬。有那麼一款茶，茶包被設計成一個提線木偶的形式，當你有意無意地去抖動這個茶包時，就會看到這個小紙人在水中邊跳舞邊散發出茶色，喝茶變成一種具有儀式感的表演，使得這款茶過嘴癮更過心癮，誰不喜歡？

企業也可以有意識地將玩和消費巧妙地結合，讓消費者在消費過程中獲得超脫於產品之外的滿足感。如某種餅乾要求消費者「轉一轉，舔一舔，泡一泡」，它增加了消費中的娛樂環節，延長了消費過程的快感，形成一種習慣，從而產生一種獨特的「儀式感」，極大地增強品牌的魅力。

## 第五節　時尚化，引爆流行

市場新眼光，突破靠時尚。

時尚已成為消費者的基本追求，產品中植入時尚元素是開啟顧客心門的金鑰匙，在行銷中加入時尚元素是進入「成功者俱樂部」的門票，時尚具有文化和藝術雙重力量，市場「錢景」十分廣闊。

時尚最強的推動力來自女性。21 世紀，女性閃亮登場，無論工作還是消費，女性都站在舞臺的中央。女性天生愛美，對美天生敏感，在發現美、製造美、傳播美的事業中，一馬當先。21 世紀是「她經濟」時代，行銷人如果不能引領潮流，掌握不住時尚脈搏，就不應該出來混。

21 世紀，時尚之風十分強勁，勃勃生機來源於流行文化。網路時代，菁英讓位，凡人登場，普羅大眾崇尚世俗文化，圍繞自己的日常生活搭建一個獨立的小世界，還要彰顯一下個人風格，風格就是新鮮、潮流、個性、多變。這幾個關鍵詞就是流行文化的基因，流行文化在消費端的表現就是時尚。此時，行銷只有兩條路 —— 順時尚潮流走向繁榮，逆時尚潮流走向死亡。

市場上得時尚者得天下，只因消費者把消費變成一個感性事業 —— 我喜歡就好。21 世紀，資訊過量，人們對文字審美疲勞，需要圖片刺激，喜歡運用圖片、動漫、數位等來表達情感，開啟了讀圖時代，同時開創了顏值經濟。商業從頭腦爭奪變為眼球爭奪戰，要打動人心先搶眼，好產品必須重顏值，消費者與品牌的每次連結都是一次藝術之旅，每一次接觸都要用美把消費者融化，因此，任何一個行業都是時尚行業，任何一個產品

都必須是時尚產品。

大眾追求時尚的意願較為強烈，但時尚消費參與度還較低。因此，在產品創新中融入時尚概念，為消費者創造獨特價值，就容易受到消費者的青睞。時尚行銷的核心精髓突出展現為產品、品牌、行銷這個金三角。

**第一，產品形象時尚化**。產品本身要符合消費者需求，滿足消費者個性多變、追趕潮流的審美習慣。產品形象時尚化就是走「設計成就品牌」之路，以顧客的審美與視角為中心，凝聚創意，走一條流程化設計之路，運用市場語言表達，透過將藝術的朦朧含蓄以精確、量化的方式去轉化，給消費者直覺的美，讓大家對新潮有感受，讓產品有顏值。

**第二，品牌時尚化**。企業在品牌元素中，把消費者娛樂享受的需求融入其中，以友好有趣的功能承載無形的精神狀態，賦予產品鮮明的個性，靈動的情趣。

**第三，感性行銷**。時尚審美，本身帶著個人主觀判斷。消費者由於對時尚缺乏深層的理解和認知，因此，在行銷中透過感性行銷，讓內容與情景互相搭配，植入時尚元素和幽默元素，讓使用者有看頭，更有樂頭。

感性行銷無法迴避一個問題，性感行銷。性感行銷不是色，而是一種美的表達，產品要讓人聯想到男性的雄壯、征服感，或者讓人聯想到女性的嫵媚、溫柔，在物質和精神兩個層面找到最完美的契合點，帶給使用者獨特的品牌體驗和聯想，為品牌創造更多的空間和可能。

時尚行銷作為一種新的商業模式，來勢凶猛，以火箭般的速度風靡全球，其攻城略地之猛烈，為各路菁英熱捧，市場占有率節節攀升，更為資本所推崇，股價一飛沖天。時尚本來多變，來得快去得易，如何掌握並引領潮流？

## 時尚行銷的商業邏輯

快時尚打遍全球無敵手，其實只有三板斧：快速、多變、個性。時尚行銷打破傳統，開啟一個全新時代 —— 賣的不是產品，而是時尚的感覺。先賣概念後賣產品，在流行趨勢剛剛出現的時候，準確辨識並迅速推出相應款式的產品，把最好的創意最快地收為己用，讓追求時髦的人趨之若鶩。

時尚品牌的靈魂是獨到的設計，以大師級的設計捕捉國際流行趨勢，並挖掘消費者真正的內心需求，帶動全球的時尚潮流。優秀的設計師不是閉門造車，而是去觀察、了解人們的生活方式，從細節出發滿足人們的需求，形成一條完整的產業鏈。

## 時尚行銷的核心能力

時尚多變，唯快不破。時尚行銷，速度是競爭的要點，西方時尚品牌似乎從東方武學中悟到了經營的真諦，把快推到了極致。如快時尚品牌 ZARA 等，從設計生產到上架銷售的時間不超過兩週。商店每週供貨兩次，每隔 3 ～ 4 天，貨架上的商品會全部更新。

快時尚品牌背後的邏輯都是「暢銷化」。透過暢銷化，產生「更高頻率的更換，更高頻率的接觸，更高頻率的消費，以及更多的依賴」，讓消費者處於「快與花」的世界中，企業自然有源源不斷的利潤。

要想快，不能一個企業戰鬥！時尚界之所以用速度贏得巔峰之戰，是一條產業鏈與另外一產業鏈的競爭，整合供應鏈是時尚界的首選。ZARA、H&M、GAP 等先行者，無一例外地透過資訊化來提高供應鏈效率，提高運作速度。更有指標意義的是日本品牌UNIQLO，採用時尚先行者們鍾愛的終端零售模式，也就是自己開店，好處有四點：其一，壓扁增寬，減少分配環節，確保平價。其二，與消費者零距離接觸，更好地掌握消費者的需求。其三，實現一盤棋，一體化經營。其四，形成企業資料庫，資訊暢通無阻。透過供應鏈整合，可以建立高度信任，產出強大的協同效應，故能一箭三鵰：一是實現客製化服務，小批次，低成本。二是供應鏈資訊共享，快速反應，時尚提速。三是減少產品開發失敗成本，更快地獲得暢銷品的收益。

供應鏈的管理，是苦活、累活，更是細活，需要長時間的沉澱。產業鏈協同作戰，不是僅憑某個企業之力就能推動的，它建立在良好的商業環境與商業文化之上，有些商人歷來喜歡單挑，不喜歡結盟與協同作戰，所以，在溝通上十分複雜，信任成本很高，這些企業從單挑走向合作，從個體走向聯盟還有很長的路，需要我們共同努力去建立包容式發展的商業新生態。

## 第六節　跨界融合，創造新物種

無跨界，不生活。

不經意間，跨界已侵入我們的生活：肚子餓了，來個米漢堡；口渴了，來杯拿鐵咖啡；想出遊，來個轎跑車；過節日，吃個冰淇淋月餅……當然還有讓人又愛又恨的智慧型手機，這玩意到底是什麼？是電話，電腦，還是遊戲機？

產品打破界限，縱橫聯合多棲發展，功能越來越多，眾多品牌樂此不疲，這不是「不務正業」，而是大勢所趨！

資訊時代，時間稀缺，市場競爭變成使用者「互動時間」的競爭。便利是新消費中的重要思想，就是要在零碎的時間裡解決盡可能多的問題。解決諸多問題，需要功能聯合，一批萬能的產品閃亮登場，而且大受歡迎。

資訊時代，個體崛起，變成文化雜食者。新一代消費者的基本特徵就是把自己的夢想、愛好植入產品中，讓產品成為自我對映。新的商業是交易，是關係，更是價值，以人性進行連結。

人性連結用行銷語言來說就是角色化，角色化在行銷中其實是老調了，大家都會彈，產品打造運用「地球同心圓模型」，從內涵到外延看起來十分豐富，核心利益點只有一個，結果是同一個世界，同一個夢想，同一個聲音，角色形象是唯一的。當顧客變成雜食者，這個老調就必須彈出新意。顧客期望他們這點雜食化需求用盡可能少的產品來承載，關鍵這種

精神雜食不一定有因果關係，也不一定有共同的邏輯，甚至還相互衝突，比如大消費觀上的專業主義與感性並存，原有產品邏輯被打破。

## 場景，重組功能創造新物種

市場關上一扇門，就必定會開啟一扇窗。產品與工業時代的「同心圓模型」說再見，同時開始擁抱場景。網路時代的產品是建立在場景化之上的。場景化就是把消費者放在特定的時間、空間，帶儀式感地、情緒化地貼近使用者的真實生活狀態。場景化的核心邏輯是時間價值，一個產品如果想在碎片化板塊中占有並消耗使用者更多的時間，那麼「多快好省」是首選方案。

一個場景，一定是諸多人和事的集合，這不是簡單的連線，而是知識解構與社會關係的重新組合，其結果是重組出跨學科的、個性化的知識點，點對點連成網狀新關係，這個關係是萬能產品誕生的底層邏輯，是跨界新物種誕生的理論基礎。

跨界突飛猛進，新物種與日俱增，科技是一大推動力。21 世紀，科技日新月異，新技術、新材料、新工藝層出不窮，並迅速變成生產要素。這使得產品只要有包容力，就能承載更多的功能，就能與顧客產生更多的連結，還能把原來的矛盾統一起來，將「需求」這個夢想變成「新物種」。新物種野蠻生長，當然是消費者追捧的結果，也就是消費者啟動嘗鮮模式。過去，唯有膽大包天的英雄才敢吃螃蟹，現在，普通人爭先恐後去品嘗螃蟹的獨特滋味，冰淇淋月餅這樣的新物種備受熱捧就是這個原因。

跨界是當下行銷的熱門話題，新物種是消費的焦點，剛跨入新天地就成為新物種市場的贏家是很難的。跨界更不是一個筐，什麼功能都可以往裡裝，也不是任意一跨就能進入新物種這個天地。跨界是基於人進行的連結，只有找到這個密碼，才能找到跨的方法，創造出新物種。

## 功能入侵，建構新體驗

由於萬物皆連線，網路時代的產品不再是簡單的解決方案，而是價值、內容、關係三位一體，是人重新建立關係和連結。以尊重人性出發，以場景來建立連結，運用新技術、新材料、新工藝連線功能，讓互補的功能集中於一個產品整體出現，讓產品成為「萬能」，一個產品就是一個系列解決方案。

科技使人變懶，大眾迫切尋找簡單化的解決方案，簡單有兩個標準：一是產品好用易學，一看就明白，一學就會，甚至不學就會。二是解決方案變得簡單、有效，即一個產品能解決多個相關的問題，省時省力。「多快好省」新標準下的懶人產品輕而易舉就突破了產品的原有邊界，能輕輕鬆鬆入侵到其他領地。

跨界最常用的方法，就是功能入侵。基於功能相關性向上下左右延伸，集結多種功能形成功能鏈，解決多種問題，開創整合化的新物種，如美妝業的 BB 霜。

BB 霜是什麼？其實就是集粉底液、乳液、精華液、隔離霜、防晒霜、面霜等功能於一體的化妝品。一支 BB 霜就等於一個化妝包，複雜的美顏問題一瓶搞定，一上市就成為「萬人迷」。

## 「產品＋ IT」，讓老樹開新花

網路有一種創造性的破壞力。其破壞力強，革了很多產業的命；其建設能力更強，開創了很多機會，能讓老樹開新花，讓很多行業煥發生機。

剛剛過去的工業時代，人們用功能主義製造了很多經典產品。進入網路時代，消費不僅注重物理意義上的功能，更看重生活方式的表達，因此單純的功能性產品漸漸不受消費者待見。產品和網路的結合，為功能植入內容，讓產品代表一種價值觀，一種生活方式，功能產品獲得重生，人見人愛。

產品和 IT 的組合（物理層面產品與應用程式軟體的組合），是網路時代產品的基本形態。物理意義上的產品，代表功能和體驗，即物質基礎；IT 應用程式代表內容、場景、圈層，即上層建築；二者完美融合，讓單純的功能產品擁有訊息屬性，賦予社交能力和連結能力，這就是產品的重生 —— 昇華為網路時代的物種。

產品和 IT 的組合跨界在商業實戰中已廣泛運用，龐大的實踐者群落中，有 NIKE 這樣的大咖。NIKE 早就與運動用品生產商說再見，積極推進 NIKE ＋策略。NIKE ＋的終極目標是建立社交群體，完成從運動用品商到運動夥伴的轉型。NIKE ＋的重要內容之一是致力於不斷完善跑步訓練的應用程式。例如，其創造的「菜鳥跑者成長計畫」，包含 10 個不同的「跑步主題」，使用者可以透過完成任務解鎖關卡，來獲得更好的跑步體驗，在不知不覺中養成跑步的習慣。NIKE 已在無聲無息中成為你的運動夥伴！

## 文化認同，建構新生態

網路時代，窄化成為生活的主要方式。窄化生活需要的不僅是產品本身，更重要的是體驗，產品必須成為一種生活方式的代表。產品成為大家共同興趣愛好的載體，以興趣愛好建立身分認同，以身分認同建立角色感，以角色感聚集成圈子，圈子塑造出次文化。文化有很強的聚合與包容能力，讓產品邊界溶解，以文化為紐帶，融合多種功能，產品成為一個有價值的生態系統。

基於文化建立的產品系統，包容力與聚合力都十分強大，原來相去十萬八千里的功能，這時也可以因文化吸引力而形成「形散而神不散」的新個體；更精妙的是，曾經異體排斥的功能也可以因次文化完美融合，發揮協同效應，如便便餐廳就是如此。

以文化協同重構邊界，運用最多的是品牌層面。品牌跨界其實流行已久，打群架在網路時代有一個美好而動聽的名字 —— 生態鏈。為了建構生態鏈，產業龍頭拎著錢包收購世界。以文化為紐帶玩跨界，網路玩得風生水起。在這一方面，傳統企業並不比純粹的網路企業落後，同樣表現得多姿多彩，如咖啡可樂、酒心巧克力、爆珠香菸等，都是產品的跨界聯姻，讓不相關的產品形成相融與共生的整體，創造出了新物種奇蹟。

# 第七節　疊代進化，讓產品永立潮頭

衣不如新，人不如舊。

這是充滿智慧的處世哲學，從另外一個角度也隱諱地表達出一種消費觀——喜新厭舊！在我們眼中，消費者喜新厭舊不僅不是壞事，還是推進商業發展的加速器。厭舊，使我們不安於現狀，不滿足於舊的生活方式；喜新，讓人改造舊事物，創造新東西，讓生活更加美好。

喜新厭舊在筆者看來就是嘗鮮，嘗鮮二字看起來很簡單，意義卻非凡，是文化、經濟和個性三大要素合力的結果，也是消費者翻身做主人的重要象徵，是活出自我的標籤。嘗鮮，開啟標新立異的按鈕，人們把陌生事物、新鮮感當成對自己的獎勵，激發人們探索陌生領域，這是推動社會前進的動力。

消費者口味注重「鮮」，產品就必須圍繞「鮮」來建構，也只有「鮮」的體驗才能與其內心共振。產品「領鮮」的基本特點是「新穎奇特」，最高境界是人無我有。實現人無我有的方法就是創新，即運用新材料、新技術、新工藝創造一個新物種。創新是一種神奇的力量：第一，產品新鮮度高，搶眼又打動人心。第二，可以顛覆行業結構，讓遲到者後來居上。第三，新物種開創市場藍海，競爭小，毛利高。正是如此，市場才能出現萬眾創新的火熱場面，創新也成為國家策略的一部分。

創造新物種，是一種顛覆性的創新策略，目標是實現從 0 至 1。不可否認從 0 至 1 的偉大意義，但是在商業實戰中，顛覆性創新是小機率事件，比如手機，也就完成一次從模擬、數位到智慧的三級跳。當下的消費者，嘗鮮需要口口鮮，如何讓產品永遠保鮮，是我們必須解決的問題，否則，就只有被拋棄。

顛覆性創新解決的是從0至1這個問題，持續領鮮需要實現從1到N，運用微創疊代之法，就是不斷進行小改革，給使用者更好的體驗，讓產品永遠領鮮，這是大數法則。顛覆創新旨在開創新物種，要讓市場煥然一新，微創疊代讓新物種生命力更持久，一直到占領半壁江山。微創疊代是產品常態，這是事物和市場發展的基本規律。

21世紀，是技術的年代，科學技術日新月異，新技術勢不可擋，任何技術都不是一蹴而就的，而是循序漸進的，有一個從量變到質變的過程，這個過程時間一般都比較長，很多技術發展變化的方式是小改小革，技術轉化為產品後就不斷最佳化，讓疊代進化成為產品發展的常態。這是疊代的技術基礎。

21世紀，是快經濟的時代。技術發展得快，在產品上的運用更快。蘿蔔拔出得快了，就會出現不洗泥或沒洗乾淨的情況。顧客心，海底針，即使從個體出發，運用數位化能力進行連結，運用個性化資料制定需求圖譜，也無法全面掌握，甚至誤讀。在快思路的指導下，我們通常抓幾個核心點來建構產品。這樣的產品是不完美的，甚至是有缺陷的，追求完美是人的天性，任何一個產品都有提升與改進的空間，任何一個產品都是在不斷改進中臻於完美的。

21世紀是個體崛起的時代，個體尊重的是世俗文化和消費主義，指導消費主義的是流行文化，流行文化的最大特點就是潮流，個性多變，是處於奔跑狀態的。這就要求你必須搶在消費者變化前搞出點新花樣，否則，

他們會從大腦中刪除你。新花樣並不需要驚天動地，也用不著隨時隨地去革命，而是與時俱進，持續改進和最佳化，以占領人心。

產品是有生命的，無論曾經多麼閃亮、多麼輝煌的產品，其生命結果必定是會過時的，只有運用微創疊代之法，手裡拿一代，眼裡看一代，心裡想一代，讓老樹開新花，去迎接消費者的喜新厭舊，這樣的產品才能久盛不衰。疊代進化是延續產品生命力、長久保鮮的基本法則，也是快贏久贏的方法。

## 體驗最佳化，讓體驗更鮮活

疊代，最常用的方法就是體驗最佳化。資訊經濟其實也是體驗經濟，任何一個產品都想給顧客完美的體驗，成為他們日常生活中不可分割的一部分。理想很豐滿，現實很骨感。即使最先進的理念，組織平臺化，與個體建立連結，彈性化生產，個性訂製，顧客仍然無法給你滿分。原因有兩個：其一，受技術和成本限制，有些東西必須妥協，甚至放棄。第二，體驗是透過人實現的，每個人的解讀都會有偏差，產品與顧客真實體驗的貼合度都有改進的餘地。

體驗最核心的一點是意會，是真實的接觸，必須將產品與使用者親密友好地碰撞，才能發現產品設定的體驗與顧客真實的需求之間的差距，這就是產品重生之路。另外，體驗也是與時俱進的，即使現在顧客給你滿分，明天也可能是不及格，必須在與顧客親密接觸中發現他們體驗的新變化，並融入產品中，實現顧客之所願，這樣顧客才會不離不棄。

體驗最佳化其實不複雜，只要三步。

第 1 步，篩。資訊不對稱是第一件要被消滅的事情，資訊自由流動，用個性化小數據精準掌握顧客脈搏。

第 2 步，優。流程最佳化，讓產品不斷逼近使用者的真實生活。

第 3 步，選。匯總各種新材料、新技術，讓產品功能更強，更實用，更好用，建立更佳、更鮮活的體驗。

## 功能連結，讓產品與顧客同生長

21 世紀，消費者很懶，他們希望產品能把自己從煩瑣之中解放出來，另外，他們缺時間，所以花錢買時間，希望多快好省地解決問題。

顧客這點要求，行銷人已努力奮鬥了很多年，至今無法實現，也就實現了產品均衡。任何一個產品都是在顧客希望需求和魅力需求之間找平衡，過去的通行做法是在魅力需求下做減法來達到均衡。做減法其實是被逼的！技術的發展總是跟不上需求的變化，一些功能因原料工藝等有強烈的異體排斥性，也就不得不放棄。隨著時間的推移，技術的強大，新工藝新材料的運用，產品包容力更強，曾經不相融的功能也能融合，還能搭載更多的功能，讓產品功能更強大，解決更多的問題，產品向一站式解決方案發展。智慧型手機這幾年遵守的就是這個道理。

一站式解決方案不能亂做加法，即使以連結為核心的產品肚子很大，也容不盡天下所有的功能。加法是一個技術工作，場景是做加法的邏輯，以場景去連結功能，是在時間、空間、情緒下連結在一起，不僅解決更多的問題，還能讓產品與顧客共融為一體，共同成長。

## 場景重構，產品永立潮頭

網路時代，產品不是功能性解決方案，而是社會化對話語言，以場景與人的連結集合成的解決方案，是一個功能網格動態組合。這就打破了曾經的產品線性邏輯，網狀功能集合成為產品新邏輯！

場景有超強的連結能力，連線著諸多事物，這就讓產品功能向整合式方向發展。場景是動態變化的，人無法重現完全相同的場景，但有些場景是相似的，把相似場景中高黏性與高頻次應用功能集合在一起，也就實現了場景重構，實現了產品重生，甚至創造出新物種。

場景是產品內容、價值、關係三位一體的完美結合，以價值為旗幟，連結更多場景，以場景聚合功能，讓更多的功能集在一個產品上，提供一站式的解決方案，讓單一產品變成生態產品，只有這樣，產品才有包容性和自生長能力，永遠站立在時尚潮流之巔。

## 第八節　媒體化，讓產品自動傳播

*行銷即溝通，產品即媒體。*

網路時代，產品不只是簡單的功能的集合，而是「內容、關係、價值」三位一體，是一種社會化的對話語言，產品是媒介，是入口，是品牌連結體系的核心節點。

產品媒體化，不是我們語言搞怪以博眼球，而是資訊時代連結的需求，是顧客進化的結果，也是消費更新的路線圖。21 世紀，網路普及，個體崛起，顧客開啟專業化生存模式，消費上也有專業的主張：藉助專業的資訊做出科學合理的決策與判斷。所以，任何產品都必須建立一套知識體系，與顧客建立連結，並加強專業性，影響顧客的購買決定。

網路時代，產品要承載人文關懷與人格力量，這種力量必須是顯性的，與產品形影不離的，這樣才能俘獲使用者的心。

網路革命推動產品革命，新產品開發必須運用新思維和新方法，將產品打造成數位化平臺，用最便捷、最簡短的路徑與消費者發生關係，透過資訊體系讓消費者從外部特徵洞悉內在品質，接觸產品就是擁抱靈魂，與自己真實的生活場景貼近，從而與自己的生活融為一體。

產品媒體化，閃爍著智慧的光芒，更閃爍著人性的光芒。產品媒體化實踐者不在少數，只是大家在市場中偷著樂，不告訴你方法而已（因為誰也不願意教一個競爭對手出來）。如何讓一個普通產品更新為一個有媒體功能的產品，讓產品自帶傳播勢能，自帶流量，在紛繁複雜的市場競爭中脫穎而出呢？

## 內容，產品媒體化的基礎

媒體有一個基本法則，內容為王，內容是決定勝負的關鍵。在內容上，產品也不例外。需要特別說明的是，產品內容與其他內容不同，其強調原創。這個原創不是輸出，而是從消費者生活中去發現，並提煉出來。資訊化時代的內容必須是數位化的，唯有數位化與產品相加，融為一體，才有連結能力。內容如何數位化？相信大家還沒忘，如有必要，請溫習本章「數位化，替產品裝上翅膀」一文。

內容另外一個要求是必須出色，特別是在資訊氾濫的年代，必須重視內容，即打造招牌內容。招牌內容必須是原創的、專業的、有用的、可辨識的，而且其知識體系應以價值觀為基礎。這個建立在價值觀上的知識體系在網路時代有一個新名字，叫做 IP。在未來市場中，一個產品就是一個 IP，一個品牌就是一個 IP 群體。如何打造 IP，讓你的企業變成媒體，產品變成入口，品牌變成社群，我們將在第四章進行詳細闡述。

## 形象，產品媒體化的記憶符號

產品媒體化，就是讓產品擁有傳播勢能。傳播有一個基本法則，即形象比內容更容易記憶。網路時代，顧客用眼睛投票，要打動人心先搶眼，商業從頭腦爭奪戰變成眼球爭奪戰，吸睛第一。任何事物如果沒有一個容易記憶的形象，就不容易被人記住。

產品形象一般可以分為內在氣質和外在顏值。內在氣質就是產品人格化、角色化，展現的是價值觀，以情感做磁場，形成強大的吸力，也是行銷追求的產品與人的生活融為一體。角色形象個性很重要，因此必須有系統的方法，我們留在第四章專門來講。運用角色形象讓產品擁有人文關懷力，讓使用者在角色中發現自己，讓顧客在產品中發現自己的幸福，消費自然就發生了。

顏值就是產品的外在形象，一般表現為包裝形象。氣質需要慢品，需要意會，可顏值只需遠觀就能明白。網路快經濟時代，以貌取人的方法再次復活，顧客相信顏值背後一定是氣質（因為資訊透明，糊弄消費者後果很嚴重），顏值與氣質一樣成為產品核心賣點，顏值就是不用說話卻讓產品有廣而告之的能力，實踐中有以下幾條法則。

**設計是品牌法則：**顏值來自設計，運用設計的美感形成一種心理暗示，增加產品的價值，是形象的具體化，更是消費者需求的具體化，是品牌的靈魂，必須將設計寫入品牌法則。

**設計是使用者的審美：**用藝術的形式，市場化的語言，使用者的視角表達，將藝術的朦朧含蓄轉換為精確、可量化的方式，給消費者直覺感受，符合使用者的審美。

**設計是動銷力：**包裝不僅僅是藝術，更是動銷能力，在實體終端有從貨架上跳出來的能力，在數位化通路，要有吸引眼球和形成短期記憶的能力，如一款酒運用藍色脫穎而出。

**設計要突出賣點：**就是產品的相關性。每一個包裝都要有一個品類聯想，這個路徑要短，核心價值點清楚，知道你是誰，解決什麼問題，而且必須用盡可能少的文字來表達。

## 標籤，產品媒體化之魂

標籤化是資訊時代消費者簡單化的生活智慧，因內容太多，甚至氾濫成災，大家就採用歸類之法，確定資訊價值與自己的關係，然後貼上標示，確定資訊為我所用還是為我所棄，這樣資訊就不是把人累死。

產品即媒體，也必須遵守這個法則，你必須用簡潔的方式把使用者的靈魂夢想表達出來，讓顧客知道你為他而生。如果他搞懂產品身分費時耗力，就會棄之不用。

似乎這與專業主義相矛盾，其實這正是專業主義的展現。任何一個產品需要專業化知識，標籤就是專業主義的中心思想的濃縮，能讓顧客一看就明白，主動與自己連結。這樣使得專業主義的複雜性容易配對顧客的個體愛好，從而影響他們在某個產品上的關注度，便於顧客選擇是否願意成為這個產品或專業的專家，這樣就可以矛盾統一。

以上只是初級階段，網路時代，產品是透過場景連結來形成解決方案的，容易出現幾個問題：第一，功能複雜。第二，功能不融合。第三，功能背後的精神自相矛盾。如何形成一個有機的統一體呢？唯一的解決辦法就是標籤化。標籤化，不是口號化，更不是廣告語，而是價值，是產品的底層邏輯。因為價值，才能有包容性，才能聚合更多的場景與功能，因為價值能在基因不變的同時展現出多變的表達形式，才能有自生長能力。

標籤化就是價值標籤，不是口號化，小身材有大心臟，是一個立場、信念、語言、情感四合一的工程。「文藝青年」是永生的，可是每一個時代的表現都是不一樣的，所以，使用「文藝青年」是有變化的，這就是標籤化的魅力。

## 話題性，自動傳播機

網路時代，人們喜新厭舊，熱情來得快去得更容易，任何內容都必須新鮮，持續新鮮的話題，才能廣為流傳。從不缺關注的明星們為什麼時不時製造點新聞，甚至不惜爆點隱私，很多是有意為之，就是讓你八卦，爭取上頭條，成話題，找到存在感，不讓人們把他們忘記。

產品一樣需要話題，特別是消費開啟嘗鮮模式之後。產品必須疊代，消費理由也必須更新，也就是必須有新鮮的、多樣的話題，否則顧客很快從頭腦中將你刪除。產品的話題當然不是八卦，而是圍繞標籤展開，它應該是消費者的真實故事，以及使用者使用產品的情感和感受。

產品的話題，本質是圍繞產品建立一個社交圈，是話題、產品、網路的結合，讓使用者參與創作與表達，讓顧客自己去實現自己的夢想，全員參與，是共生共長的模式，這能讓使用者永遠不產生審美疲勞，產品成為一個自動傳播機。

# 第四章
# 內容爲王，打造超級 IP

IP 從內容起步，凝聚人生觀與世界觀，發展成一種文化，昇華為一種信仰。IP 走進商業，不僅要把產品賣給顧客，還要把產品代表的思想裝進顧客的腦袋，這才是行銷的未來！

## 第一節　社群時代，唯有 IP 能勝出

工業時代做品牌，資訊時代打造 IP。

賣貨追求實效，但方法有優劣，境界有高低。賣貨不是赤裸裸地推銷，而是一種優雅的藝術，不僅要讓顧客愉快地掏錢包，順便還要把思想裝進顧客的腦袋，這才是有意義的賣貨。優雅賣貨的方法，工業時代之法就是做品牌，資訊時代之法就是打造 IP。

IP 是當下的熱門概念，IP 是什麼，一直剪不斷理還亂。IP 本來很簡單，指智慧財產權，一般用於文學作品和影視作品。文學作品與影視作品有一個共同之處，那就是必須透過塑造角色創造身臨其境的臨場感，塑造角色的基本原理，即以相似相融凝聚受眾群體，IP 就從智慧財產權昇華成一種文化，最後形成一個新人格。

IP 曾經鎖定內容產業，靠影視作品、文學作品過著陽光燦爛的日子，現在卻突然以火箭般的速度跑進商業領域，並且玩家眾多，有新貴，亦有大老闆。為什麼 IP 與賣貨扯在一起？看官請耐心，讓我翻一下老皇曆，回顧一下資訊消費的簡史。

自從有了人類，就創造了資訊，資訊與人一樣，一直在進化中前進，大抵可以分為三個階段。

**第一階段：被動接受模式**。傳統媒體時代，資訊製造是一種權利，少數人製造單向流動，媒體擁有絕對的話語權和權威性。

**第二階段：SEO[02] 模式，也就是搜尋模式**。傳統媒體獨領風騷多年之後，網路成功崛起並侵入所有行業。資訊製造權由少數人交給大眾，大眾創造出大量資訊。在大量資訊之中如何自救與衝浪？答案是：藉助搜尋引擎進行檢索。搜尋資訊的結果受技術和媒體權威性雙重影響，並沒有實現資訊自由，也沒有成功地去中心化，SEO 技術大行其道，讓誘餌式標題流行，媒體壟斷並沒有打破，只是壟斷由「微眾」變為「小眾」，增加了一批無節操的入口網站，這就是網路的上半場。

**第三階段：社群時代轉發模式**。SEO 不僅不能滿足人們資訊自由的夢想，多數人吃過 SEO 的虧，不少人上過 SEO 的當，甚至有人還死在 SEO 上，心裡的傷痛與經濟上的付出雙重代價讓消費被迫逃離。幸好此時智慧型裝置與網路相遇，社交軟體誕生並快速普及，朋友圈子形成，從強關係的朋友那裡獲得的資訊比較可靠，朋友之間的轉發和分享成為資訊消費的主要方式。從此，萬能的搜尋開始走下坡路，開始掉隊，前途有那麼一點危險。

社交圈子的影響力無處不在，小到日常生活用品（如一瓶美容油），大到房子、車子，甚至決定國家走向（如總統選舉這樣的大事），圈子的力量不可小覷。如川普（Donald Trump）在主流媒體不看好的情況下實現逆襲，登上美國總統的寶座，就是社交力量的勝利。社交力量太強大，任何事物都順之則昌，行銷傳播不外乎借勢與造勢兩招，讓品牌資訊透過社交圈子順暢傳播，是每一個企業的必修課。

對於社交模式，如果你只看到秀圖片、按讚與轉發，那麼你還只是看熱鬧的旁觀者。如何看門道？從社交平臺幾個字，就可以一窺究竟。

---

[02] SEO（Search Engine Optimization），即搜尋引擎最佳化，利用搜尋引擎的規則提高網站在相關搜尋引擎內的自然排名。

第一，可靠。這是一個標籤，是在資訊過剩環境中的自救之法，也是實用之法，人們從有限的幾次接觸後快速做出判斷。

第二，強關係，即信任，這是社交的基礎。

第三，認同。大家相互認同才走到一起，形成圈子次文化。

社交模式是「可靠」、「關係」、「認同」，這正好與網路時代產品新主張「內容、價值、關係」三位一體一一對應，社交也就成為資訊時代品牌的底層邏輯。社交邏輯的品牌簡單表達就是物以類聚，人以群居，這正好是 IP 底層（建立共同生活方式的生活社群）價值理念，因此 IP 嫁接進入商業領域，泛化出新的含義，成了消費的最高境界 —— 品牌與使用者建立有信仰的生活部落。

## 價值是魂，指引 IP 前進

價值是 IP 的風向標、方向盤，引領著 IP 前行的方向，也決定 IP 內容的表達形式。IP 最終是一個社群，是一種身分的認同，共同的生活方式把大家聚在一起，所以打造 IP 必須先亮出你的價值觀，才能引領大家前行。

在工業時代，品牌價值打造之法是單向輸出。而今，IP 價值是一個發現之旅，發現使用者的價值，把他表現出來。IP 價值還有不同的表現層次，折射在產品品牌上，讓產品融入個性，用個性承載價值，將價值融入故事，讓故事走進社交平臺，讓品牌可觸碰，可擁有，有情感，有溫度。IP 價值觀超越了商業，強調社會價值大於商業財富，也就是普世價值，這樣的價值才有包容性、協調性和自動更新能力，才是價值的源頭活水。

## 內容為王，讓 IP 脫穎而出

內容是價值的載體和表現形式，只有建立立體的內容系統，才能與顧客建立廣泛的連結，才能把 IP 這個夢想變成現實。

資訊氾濫年代，IP 內容如何吸引眼球？內容必須實用，能解決問題；而且，在時間稀缺的年代，只有耗時少，使用者才會緊密地圍繞在你周圍。IP 資訊內容重要，形式也同等重要，就是要用使用者喜歡的方式來表達，特別是滿足碎片化閱讀和淺閱讀的習慣，使用者才會喜歡。正因為如此，我們一直給企業建議，企業在社群時代需要一個新職位，即知識長。知識長的職責是為每一個產品建立內容，讓企業成為知識池，以豐富的內容去連結客戶，最後把品牌建成一個 IP 群體。

## 支援系統，IP 商業化的基石

IP 走進商業，無論如何其本質都是賣貨，只是把粗野的買賣變得高雅溫柔而已。

賣貨其實很簡單，就是連結產品與使用者，這個連結就是支援系統。IP 支援系統，一是產品支撐內容，讓人們認知到產品能解決自己的問題，解決為什麼購買，此時 IP 就接了地氣。二是人支撐精神，讓人感受到產品的精神與自己同頻共振，此時 IP 就如同裝上了天線一樣。

產品支撐內容，就是把內容建立在產品之上，用產品強大的功能生成內容，內容承載價值，價值聚合形成一種生活方式而不是簡單的交易，產品變成一種社會化對話語言，交易在日常生活中自然發生，IP 不變現都難。

人支撐精神，IP 是人的生態圈，是人與人的連結，是使用者的自我表達，IP 不是輸出，而是幫助使用者自我發現和自我實現，聚合個性成為通用共性，讓精神變成大家的共同信仰，激勵大家共同創造美好未來。此時，品牌得以永續。

# 第二節　價值觀，讓 IP 昇華爲一種信仰

IP 跑得穩，全憑價值定得準。

價值觀是 IP 的旗幟，方向盤。沒有價值觀，IP 就沒有前行的方向；沒有前行方向，打造 IP 越努力越失敗。

## 兩個似曾相識的故事

價值觀有多重要？下面這兩個相同的故事就能說明一切。兩個故事都是由致癌物質引起的，只不過主角一個是老外，另一個是我們的當地人，結果卻是一個天上一個地下。

起因是某雜誌登出一款日用品品牌含有二惡烷（這個物質有致癌風險），鬧得滿城風雨，驚得國家權威機構出面，用科學闢謠 —— 抽檢樣品中二惡烷含量不會對消費者健康產生危害。然而，消費者並不買單，曾讓 P&G 這個大廠懼讓三分的本土強勢品牌，就這樣元氣大傷。

星巴克咖啡豆事件，同樣是由媒體抖出咖啡中含有致癌物質，僅僅是美國咖啡協會這樣的民間組織出面站臺，外加一場科普教育，悲劇就變成了喜劇 —— 星巴克毫髮無傷地轉危為安，還為行銷界貢獻了一個經典公關案例。

二惡烷事件，消費者就如同躲瘟神一般，能避多遠就避多遠；星巴克事件，消費者不離不棄。差別為什麼這麼大？

## 品牌只是一種交易關係

答案很簡單，兩者踐行的是兩套邏輯，前者塑造的是品牌，星巴克卻在打造 IP，要弄明白這兩者的差別，還得從源頭說起。

品牌，遵循的是工業時代的邏輯，現代行銷之父科特勒是這樣定義品牌的：品牌是銷售者向購買者提供一組特定的特點、利益和服務。說得直白一點，品牌承載更多的是人對其產品以及服務的認可。後來，人們對品牌的理解更充實一點，拓寬其內涵，形成廣義的「品牌」。廣義品牌有新定義：品牌是具有經濟價值的無形資產，可在人們的意識中占據有利位置。新定義強調識別，透過名稱、口號、視覺、文化等整合成一個世界、一個夢想、一個聲音。

狹義品牌也好，廣義品牌也罷，其根本目的是解決交易，交易是建立在功能之上的，儘管品牌也強調其另一面 —— 社會屬性。行銷者也曾嘗試增加品牌社會屬性的比例，讓消費不僅僅局限於產品本身，還要成為身分的象徵。但產品這個物理硬體沒有那麼強大的附著力，無法植入深刻的思想，只能作為形式表現，精神內涵偏弱。工業時代，消費者是分散的，空間距離阻隔了思想碰撞，思想表達零零碎碎，無法形成合力，文化認同難以建立，不可能形成使用者信仰，品牌與顧客是建立在交易上的一種弱關係，消費者對品牌的認同感與歸屬感不強，所以一遇到事情，消費者就會動搖。

IP 是一種信仰，IP 遵循的是網路時代的社交邏輯，起點從連結開始，即在網路狀態下建立廣泛的連結。連結力來自內容，內容藉網路這個關鍵消除時空的距離，大家因共同的興趣聚集在一起，基於興趣愛好建立身分的認同，身分認同形成統一價值觀，價值觀凝結成一種圈層文化，文化讓

品牌成為使用者自己的心靈家園。此時，品牌與消費者已不是簡單的交易，而是一種生活信仰，這才是IP的最高境界！使用者變成狂熱的信徒，大家風雨同舟，不離不棄。技術可能會落後，產品可能會淘汰，但 IP 可以永生，這才是 IP 走進商業最強大的動力！

星巴克之所以轉危為安，其實就是信仰的力量，星巴克早就明白這個道理，首先把咖啡做好，內容水準也是一流，可人家從來不說自己是賣咖啡的，而是一直努力打造第三空間，一個價值認同的社群。

## 四步，讓 IP 閃耀價值的光輝

IP 是網路時代的行銷新思維，產品只是基本，內容只是賦能，唯有思想才是靈魂，才能建構有信仰的社群體系，這才是 IP 的追求和目標。打造 IP，必須用思想為產品或企業注入靈魂，用價值觀賦能顧客，這就是打造 IP 的王道！

打造 IP 是一個系統工程，需要統籌謀劃。IP 的頂層思維有兩個基本點，一個中心。第一個基本點是平常之心，不追求速成，不走捷徑。第二個基本點是打持久戰，用堅持來形成記憶。一個中心，即堅持價值觀這個中心不動搖，以價值觀將有相同追求的人群聚合在一起形成合力，形成同一個世界，同一個夢想，同一種聲音，同心向前。讓 IP 閃耀價值的光輝其實也沒那麼複雜，只需要以下四步。

### 第一步：高舉旗幟

個性鮮明，讓人明白「我是誰」。樹立個性就是要做真實而鮮活的自己，切忌文過飾非，要讓 IP 走進大眾生活，IP 才有親和力，對大眾才有吸引力。IP 的起點是讓人把你看得清楚明白，透過個性發現價值，透過價值去聚合和連結。

IP 是從個體出發，這個體不是單純數字上的一個人，而是在社交模式下的超級個體，即意見領袖，用其影響力去連結志同道合的同好，聚眾成群，最後凝結成一個有信仰的部落，這也是 IP 在網路時代突圍的基本路徑和邏輯。

## 第二步：定調

IP 是一個部落生態，對映的是價值觀、人生觀、世界觀，具有哲學層面的含義，唯有價值觀才能把分散在五湖四海的使用者聚合在 IP 周圍，才能建立獨有的社群文化氛圍，引領大家共同前進。

IP 雖為商業而生，IP 承載的價值觀必須是普世價值，IP 必須傳遞向善的價值觀，追求知行合一之真，彰顯信仰之美，只有這樣的價值觀才能經得起時間的檢驗，這樣，即使產品被淘汰，品牌可以死，而 IP 卻可永生。想一想那些靠下半身寫作，動不動就袒胸露腿的網紅今昔何在，你就明白價值觀的力量。IP 價值觀不是口號，而是知行合一，用行動來承載價值是基本原則。

## 第三步：明主義

IP 是在過剩資訊環境中創造可以識別的內容。打造 IP，內容為王，內容呈現必須堅持「原創、發現、細節」三大主義，才能讓 IP 起飛。

**原創主義：**原創是內容的鐵律，內容要豐富，並不是片面地以數量取勝，必須做最好的自己，在價值觀指導下創作。

**發現主義：**做 IP，不管是內容還是價值，不是輸出，而是發現，幫助

顧客認識自己，內容本來就存在於使用者的生活之中，企業不過是幫其整理出來而已，而且要用使用者自己的語言和方式，如萌、二次元等元素，用使用者喜歡的方式進行表達，才能與使用者形成同理與共振。

**細節主義：**IP 做人不做神，要用平民視角、百姓觀點和身邊的小事才有感染力，這樣的內容才有參與感和代入感，容易轉發，易二次創造，讓使用者愉快地互撩。

### 第四步：組合傳播

IP 聚眾成群，本身需要傳播。只是此傳播非彼傳播，IP 基因決定其排斥傳統高音喇叭廣而告之的模式。IP 也需要傳播，即建立一套連結體系，用使用者喜歡的方式，以及他們容易接觸和接受的方式，潤物細無聲地潛伏在他們身邊，與他們的生活融為一體，在無聲處影響或引領他們的生活。

IP 是在行動網路大潮中誕生的，IP 必須整合涵蓋網路平臺，如臉書、IG、社群、直播等方式和工具，以文化為調子，與消費者產生精神層面的共鳴。文化就要優雅一點，讓使用者在潛移默化中接受 IP 所倡導的生活方式和生活態度，最後不變現都難。

## 四字真經，IP 全球通用語言

IP 因商業而生，IP 價值觀卻超越了商業，強調社會價值大於商業財富，倡導用商業道德的無形力量建立起新的社會文明。「善、德、信、道」四字真經既是打造 IP 的源頭活水，也是 IP 全球通用語言。

**善：**一種跨越時空、跨地域、不分種族的人類基本價值觀，善的商業價值就是建立一個正確的使命 —— 為人類謀福祉，引入一種新的、可改變消費者生活的商業觀點 —— 可持續發展。善是企業文化，更是行動標準。把善視為企業使命、願景和價值觀的一部分。心胸開闊，格局遠大，謀人類福祉，讓人類生活更美好。

**德：**企業家精神，企業家精神是超經濟的，追求社會價值、公共福利、商業價值三重平衡，經營之德就是以義統利、興和諧之道、立誠信之業。建生態價值鏈「和諧發展」—— 與自然的和諧、與社會的和諧、與未來的和諧。德，注重身體力行，透過每天細微的行動，積少成多地改變世界，致力於創造更美好的未來。

**信：**言行合一，誠信經營。恪守信用，信守承諾，做老實人，說老實話，辦老實事。公平公正，依法誠信經營，做一個合格的社會公民，以服務我們的社會和社群。

**道：**商道即人道，宣揚「敬天愛人」，以德化人，尊重他人和其他企業及組織，以及我們所處的環境，讓消費者、員工、投資人、商業夥伴和睦、互助，在這裡收穫幸福，享受完美生活。

# 第三節　角色化，讓使用者在 IP 中發現自己

價值是魂，角色是帝。

這是我們打造 IP 的祕笈，如果沒有角色，IP 的價值就無所依附，IP 就無法接地氣，也就無變現能力。

角色其實並不神祕，緣起於文學和影視作品。角色化原指文藝創作中用人物角色塑造實現感官占領，創造身臨其境之感，讓觀眾在別人的悲歡離合中品味自己的人生，這樣的作品才有感染力。

IP 是一種信仰，這個信仰因角色而誕生。IP 是從超級個體出發的，從個體本真的生活行動中創造內容，用內容去連結，大家因共同的興趣聚集，建立身分的認同，形成統一的價值觀，以價值觀凝結成圈子。IP 價值是一個發現之旅，IP 打造本身就是以一個真實人物代表一群人的符號化過程，也就是說打造 IP 本身就是在塑造角色，無角色也就無 IP。

## 角色，模糊的記憶

網路時代，資訊超載，使用者對什麼都不會停留太久，內容拿來就忘，唯有內容代表的角色會讓人長久記憶。

角色威力大太，也是打造 IP 的基本法。為了塑造一個可以與消費者融合的角色，行銷人不遺餘力，而且很快就創造出一大堆：什麼霸道總裁、文藝青年、清新玉女、呆萌少年……形形色色，五花八門，應有盡有。然而在大腦中搜尋一下，眼花撩亂的角色形象，有幾個印象深刻？有幾個有

感染力？有幾個讓你感動？角色兩個字很簡單，創造角色卻很難，角色與使用者形成情感共鳴更是難上加難，無精神共鳴，就無法形成共識，就不會有共同的價值觀，沒有價值觀的 IP 就是亂做，基本上就是在自殺。

## 同理，角色化的影響法則

本想栽花，結果長出了刺，因為你沒弄明白一個道理 —— 角色與影響力！化學上講相似相溶，生物學上講物以類聚，社會學上講人以群居，群居就是角色影響力！翻譯成專家的語言 —— 同理與影響力只發生在相同的層級。《紅樓夢》裡，林妹妹不可能成為焦大的菜，就是這個道理。

商業喜歡與簡單的常識為敵，比如周杰倫為一家服飾品牌代言，搞不明白周董和平民服裝有什麼關係（原來廣告費就是這樣浪費的）。廣告如此，IP 也好不到哪裡去，IP 是一個框，什麼角色都往裡裝，打造 IP 變成買樂透，聽天由命，成敗成了機率。

## IP 角色，使用者自我發現之旅

IP 角色，其實不是創造而是發現之旅，IP 以社群為出發點，這個人物角色不是創造出來的。要先洞悉社群，提煉出群體特徵與共性，再從這個特徵與特質中深挖價值主張，運用價值認同建立信任，然後建立起角色的精神社群。

IP 角色，是一種精神層面的滿足，將讀者從現實帶入虛擬精神世界，是自我價值的啟發，讓使用者自己找到自己，自己走向自己的幸福，這樣才是角色的使命。

## 五步，讓使用者在 IP 之中發現自己

角色不是事後加持的，而是與生俱來的，這是講原則也講方法的，具體而言，就是「定位、畫像、定性、立言、敘事」五步。

### 第一步，角色定位

定位其實是一個方向性問題，解決一個關鍵性問題——你的使用者是誰，只有釐清這個問題，找到你的真正使用者，把使用者的內心需求和願望表達出來，才能找到大家認可的形象代言人，才能讓使用者自己走向自己的幸福，否則，角色就是事不關己，那還有什麼吸引力？

角色定位，是取捨的智慧，IP 本來就是以次文化凝聚而成的社群，次文化現在是小眾，出發點是個體，以價值去連結更多的使用者，用意見領袖的勢能吸引大眾追隨，引爆流行，由個體的喜歡，變成群體的狂歡，這才是 IP 角色化的商業原理。

角色定位，必須告別先開槍後瞄準的野蠻生長的習慣，需要精確制導。要想精準掌握使用者脈搏，就要深入他們的本真生活，用最真實的狀態記錄，展示他們的人生——他們是誰，有什麼特性，有什麼想表達的，有什麼性格，有什麼興趣愛好，這樣才能正確開啟發現之旅。

### 第二步，角色畫像

曾經大家把角色畫像叫人物設定，其實角色不是設計出來的，而是一段發現之旅。以個體為基礎，結合群體部落的次文化，視覺化地呈現使用者自己，讓大家清楚感知自己的形象。角色形象是自我對映，尊重使用者，尊重他們的審美與價值觀，用圖文（甚至影片）啟發他們沉睡的自我。

畫像，必須釐清一個問題——性別。現實生活中，性別只區分男女，角色世界中不僅有男女，還有中性。科技力量產品更崇尚陽剛之美，使用者更推崇男性形象；唯美、溫情的產品使用者更接受女性化的形象；平臺型產品大家更樂於接受「中性」，中性產品形象常用擬物化來表達，如熊本熊等。

## 第三步，角色定性

角色不僅需要顏值，更需要氣質——精神不能空虛。角色是使用者形象的呈現，藉角色表達自己的身分、個性、價值主張和生活方式，角色必須擁有「人性化」的品格特徵——世界觀、價值觀。世界觀、價值觀呈現生命深處的美，是使用者的自我實現。

角色人格化，價值觀是靈魂，情感是磁場，個性是魅力之源。資訊社會，速度第一，即使角色人格化有這樣優雅的事，也需要快速尋找到認同感，發現之旅最簡單的方式就是標籤化。標籤化不是口號化，而是用簡潔的方式來把使用者的靈魂夢想表達出來。標籤化是小身材有大心臟，是一個立場、信念、語言、情感四合一工程。

## 第四步，角色立言

立言，就是說話，說話是一種技術，更是藝術。形象讓人記憶，語言讓人理解，只有理解才能認同，認同才能走入內心，才會永遠同行。每一個角色都有其相配的語言系統，清新玉女本來就是優雅的，呆萌就必須可愛，否則就是人格分裂，讓使用者無所適從。

角色語言系統其本質不是說話技藝，而是傾聽藝術，發現使用者平時生活狀態下的調子、特色、方式，在這個基礎上挖掘整理，加工更新，形成獨有的語境和語系，讓圈子有自己的專屬語言，形成一種身分識別認同。如此一來，角色才會有強大的號召力，使用者才會永遠追隨你。

### 第五步，角色敘事

人們普遍以敘事的方式進行思考，角色其實是群體的虛擬化表達，需要透過故事來建構、闡釋與分享。

角色虛擬化的群體，角色故事必須來源於真實生活，但可以高於生活，進行一定的藝術加工。藝術加工有一個基本邏輯：以過去的事情來證明現在，用現在的事情來證明未來。

角色其實是顧客進化的自我對映，也就是真實的普通人，與偉大無緣，更多的是平凡，相對於宏大敘事，細微處見真情，學會用細節的真實替代局部的真實，以局部的真實替代整體的真實，這樣的敘事才鮮活生動，親切有感染力，才能與使用者形成情感共振。

# 第四節　招牌內容，超級 IP 的起點

IP 跑得快，全靠內容帶！

內容為王，是 IP 的鐵律，在知識氾濫的年代讓資訊有重點，既吸引眼球，又形成記憶，是技術，也是藝術，是打造 IP 的基本功。

## IP 世界，現實難堪

內容為王，這並不是 IP 的專利，有點古為今用的意思。不管是新媒體還是舊媒體，只要是資訊，內容都是決定命運的勝負手！做內容其實是文字遊戲，自古以來就是文無第二，武無第一，內容那點事，知易行難！

「內容為王」是媒體（有媒體屬性）的公理。靠內容發家致富，媒體甚至與媒體沾邊的行業都是這麼做的！內容創富這條路上早已擁擠不堪，有些大廠一擲千金，當然內容創富不只是高富帥的樂土，還是草根的戰場，訂閱者更是多如牛毛。

IP 狂潮，遊戲、音樂、影視等娛樂業領先一步，商戰不甘落後奮起直追，而且還有後來居上的野心 —— 借力 IP 建立隱含成本連結，重塑信任，讓品牌與 IP 共同成長！ IP 打造熱烈發展，大家揮汗如雨地做內容，IP 遍地野蠻生長，結果卻是有心栽花花不開 —— 備受期待的自帶流量、隱含成本連結、重塑信任、長期挖掘、多次變現，仍然只是一個夢想！

## 一九原理，資訊基本規律

熱情的夢想，尷尬的現實，如何踰越從夢想到現實這道鴻溝，實現 IP 掘金夢？解決之道就是資訊的消費模式。曾經，資訊由少數人也就是所謂專家製造。網路下半場，消除了媒體霸權，資訊超級碎片化，媒體成為一個龐大的長尾。資訊去中心化，入口很分散，使用者不再依賴過濾也就是搜尋來獲取資訊，大家更關注人際關係和圈層傳播，可靠朋友推薦更值得信賴，開啟了社交模式。

社交模式的本質是：可靠人創造，熱心人轉發，普通人觀看。結果可靠的人因為專業而成了意見領袖，意見領袖對追隨者產生影響，在某一個細小領域形成資訊壟斷。這是構成 IP 內容的基本邏輯，即由共識、同理、信任、逐漸凝結成信仰，讓大家採取統一行動。

IP 內容是資訊長尾與資訊壟斷的和諧統一，形成內容的一九原理，只有 10% 的內容才能獲得關注！這 10% 有一個響亮的名字，叫做招牌內容。打造 IP 內容為王，內容不是文字遊戲，也不靠搞怪博眼球，而是成為一個碎片中有影響力的招牌內容，否則你的 IP 就會輸得很徹底。

## 三大原則，IP 指南針

打造 IP 是一場硬戰，更是一場巧仗，需要統籌謀劃。用內容開啟自己的 IP 時代，不僅要有方向感，還需要方法論。行銷領域 IP 泛化，內涵和外延都在擴展。然而，萬變不離其宗，IP 內容的三個核心一直未變。

## 原則一：價值觀

價值觀是 IP 的旗幟，是內容之綱，綱舉才能做到目張，價值觀讓內容有靈魂有人性，這樣供給的內容具有極強的凝聚力，透過這樣的內容去吸引「志同道合」的使用者，才能形成圈層，建構有信仰的社群體系，IP 才有永續的生命力。

## 原則二：原創

IP 其實沒那麼複雜，就是具有自主智慧財產權的智力勞動成果。做內容建 IP，原創的重要性不言而喻。

原創的第一法則是品質。關心內容品質而非數量，關注短時間的流量，更要關注長時間的影響力，必須與誘餌式標題說再見，更不能走複製貼上路線，堅持原創驅動，用智力自力更生，創造最好的自己。

原創的第二法則是真。IP 的內容必須是真實的，必須做老實人，辦老實事，說老實話，用事實說話，擺事實講道理，使用者才能理解你，接受你，才能建立起信仰這個強關係。

原創的第三法則是持續。內容消費有個快衰定律，來得快去得也快，必須持續地進行內容輸出，才能形成記憶。創作是一件難事，持續創作更是難上加難，誰不會說兩個金句，但不是每一個人都寫得出一篇精妙的文章。在一個領域持續創作，誰都容易審美疲勞，曾經如火如荼的訂閱者點閱率日漸下降，原因無它，原創審美疲勞而已。

## 原則三：相關

IP 走進商業，其實有個目的，就是商業變現，持續變現。沒有商業，就沒有 IP。IP 需要養眼，以圖文之優美吸引關注；IP 還必須打動人

心，優質內容打動內心讓其做出購買決定。IP 內容有一套必須遵循的邏輯 —— 內容對準目標人群，連續展示品牌個性。內容可以廣泛，場景可以有個性，推動內容導向必須清楚，鎖定品牌目標，將理念融入故事，將故事融入劇情，將品牌融入內容，傳播一氣呵成。優質內容可以讓使用者清晰地識別並喚起聯想，最終建立信任形成消費，這才是 IP 的真相。

相關性說起來簡單，但很多人常犯錯誤，比如說酒有文化內涵，也是最容易 IP 化的行業，打造 IP，酒的企業一直在行動。某酒有國酒之美譽，故事精彩也豐富，可是打造 IP 卻拿護肝當賣點 —— 就養肝這點事，你說我是聽醫生的，還是聽你一個賣酒的？

## 四大法則，招牌內容製造方法

打造 IP，打的是持久戰，需要苦做；做內容，技術是相當高的，更需要巧做。四大技巧，讓內容有吸引力，更有黏性，成為招牌，讓使用者快速聚集，永遠不離不棄。

**專業：**IP 內容必須具有可讀性，IP 內容更重要的是可用性，為使用者解決問題！實用內容都是建立在專業基礎之上的，也就是說 IP 內容的邏輯是專業。要專業，必須成為一個領域的專家！超級碎片時代，必須從一個細小的板塊切入，把這一領域看得透，研究得深，講得絕，成為權威，唯有權威才能成為意見領袖，唯有成為意見領袖才能吸引粉絲追隨。茶是一個有文化有故事的行業，天生具有社交屬性，是打造 IP 的沃土。現實卻是，懂茶的人不會寫，會寫的不懂茶。一家品牌茶專注這一細分領域，採用「茶學專業指導＋文案創作＋美術呈現」的生產線合作制，形成強大的原創能力，穩坐垂直領域第一的江湖寶座，在產業中擁有定調定性的能力。

**豐富：**IP 是內容，講專業，而且專注於一個細小板塊、細小領域，所以，不管是創作者還是閱讀者，都容易產生審美疲勞。只有內容豐富，才會有新鮮感，才能建立持續的影響力和黏性。讓 IP 內容「豐富」的方法有兩個：第一個，利用粉絲愛屋及烏的原理建構鏈式資訊，在某一類細小領域建立權威影響力，然後用相關性向產業鏈擴散，形成生態價值鏈系統。第二個，以價值觀連結更多的要素，建立形散而神不散的生態系統。

IP 在商業中邁出一小步，行銷就邁出一大步。過去的品牌是讓更多人知道，把一個產品賣給盡可能多的人。現在的品牌追求讓一小群人熱愛，讓很多人喜歡。把一組產品多次賣給一個特定的群體。在新的模式下，品牌肚子必須大，必須生一堆孩子打群架。用高雅的話來說，打造 IP 的結果就是成就一個品牌族群！如手機品牌玩跨界，把看似不相關的產品聚集在一起，就是這個道理。

**創新：**內容必須與時俱進，IP 是普世價值加消費主義，這本身就是變化的和發展的。IP 內容建立在個體之上，基於個人的興趣和需求，建立個性化的知識結構，這本來就是動態的。

IP 內容與時俱進表現在兩個層面。一個是知識結構的創新。知識本身的創新，就是知識點與知識點重新相連，資訊從金字塔式結構向蛛網式結構轉變，打破原有的界限，形成跨界和個性化的知識。另一個是表現形式的創新。行動時代使用者最大的特點是碎片化閱讀，即短時間跳躍性的閱讀方式。對於招牌資訊來說，內容與形式同等重要。什麼樣的形式才能滿足使用者隨時隨地快速「悅讀」？下一節，我們告訴你「悅讀」的方法，讓大家願意花時間泡在內容裡面。

**參與：**IP 是一個身分認同的次文化社群，是大家共同建立的，參與感是必要條件之一。IP 內容是建立在價值之上的，價值觀不是單向輸出的，而是雙向自由流動的。IP 內容由意見領袖引導，使用者一起創造，大家共同擴散，最後開花結果。如何讓使用者參與？內容創造要場景化、故事化、細節化、戲劇化，讓使用者有身臨其境之感，自動參與其中。內容便於二次創造，內容起點是原創，內容能否形成高潮卻是二次創作。創作內容要有使用者思維和使用者視角，意境要深，易於模仿、轉發、按讚，衍生和擴展讓內容生產形成放大效應。其最高境界是讓使用者創造內容，在價值觀的指導下，讓使用者展示對產品的理解，讓使用者講自己與產品有關的故事，這種內容的聚集和流動蘊藏著高價值，也就是使用者原創內容（UGC）。

# 第五節　深文化淺閱讀，IP「智勝」方法

何以為辯，喻深以淺！

古人真是太有智慧了，農業社會就能洞穿資訊社會的資訊消費模式。資訊爆炸，IP 狂潮，網路世界每一個焦點，任何一個熱門話題，一切興奮點，無不遵守這個定律！

## 淺的力量，無法阻擋

淺閱讀指一笑而過的讀書方法，這種閱讀方式自人類創造知識以來就一直存在，只是處於潛伏狀態，在網路時代被無限放大，成為資訊消費的重要力量。網路時代，資訊爆炸，資訊氾濫成災，此時消費者處於忙碌狀態，時間是最稀缺的資源，閱讀發生在等車、排隊、上廁所等碎片時間裡，淨手焚香正襟危坐式閱讀是一種奢侈的夢想，碎片時間閱讀只能快速進行，思考必定無法深入。囫圇吞棗、蜻蜓點水成為資訊接收的重要方式，淺閱讀成為常態是不得已而為之的，也是一種智慧的生存方式。

淺是資訊基本原則，IP 作為資訊的一種，在使用者那裡自然也會享受淺的待遇，而且走得更遠。IP 是一種優雅的事，但 IP 要實現的目標比較俗氣 —— 賣貨。消費是一個感性事業，而且追求便捷，更簡單的表達。產品的關注度與參與度是不一樣的，很多產品雖然是消費必需品，但是關注度與參與度不一定高，對產品的資訊只能有一個粗淺的了解，甚至不求甚解，就比如食鹽。從 IP 角度來看，底層具有普世價值，表現的卻是消

費主義，消費主義其實是一種流行文化，流行文化是奔跑狀態、娛樂化，淺是其基因，「悅讀」是 IP 的基本方法。

## 淺與深，從來都不是問題

其實深與淺，從來就不是什麼問題，所有的問題都是專家們自己「智」造的。人類出現後，就開啟了一場沒有終點的資訊戰爭，資訊一生產出來就是過剩的，大腦就是不夠用的，對資訊處理一直就有兩種方式，一種是「書讀百遍其意自見」式的深研究，另一種是「浮光掠影」式的淺閱讀。網路時代，資訊碎片化甚至粉塵化，即使是掌握一個領域的知識，也是一個不可能完成的任務，另外，生活還需要資訊的廣度，不淺嘗輒止怎麼行！

倡導淺閱讀，其實是消費者內心的聲音。社群時代，是一個專業主義生存的年代，任何人都必須成為專家，但只能鎖定在幾個細小的領域，在更多的領域裡除了走馬看花，還能有什麼辦法？ IP 內容不是輸出主義，而是幫助使用者發現和創造，必須以使用者為中心，貼近普通人的日常生活，日常生活狀態的語言系統就是簡潔、明快、淺顯易懂。在此情況下，IP 沒有必要裝高姿態。當下，任何資訊均可在碎片化場景閱讀。碎片化閱讀有三大特徵：其一，快速，易讀易懂，這要求內容簡潔。其二，搶眼，要打動人心先搶眼，這要求內容有新鮮感、形式感。其三，流暢，易讀易評估。總結起來，IP 是高雅的，也是專業的，但要以使用者的視角，世俗化、生活化地表達出來，與人們的生活融為一體，這才是 IP 應該做的。

## 六字真經，IP 磁場效應

IP 必須從使用者出發，必須堅持深文化淺閱讀的路線不動搖。洞察使用者場景化閱讀的特點，喻深以淺其實也不難，也就「細，簡，短、形，樂，鮮」六字祕訣。這六字祕訣能讓你的 IP 形成強大的磁場，吸引力永不衰退。

**細：**網路時代，使用者用眼睛投票，在碎片化的資訊迷宮裡，如果不能吸引眼球，無論你做多少努力，都是白費。眼睛投票的時間平均只有 15 秒（快閱讀習慣，人們對一個話題在 15 秒內做出判斷），在 15 秒的時間裡使用者無法對事物進行全面的理解，只能透過細節來做判斷，事物的整體風貌被打破，細節先於整體出現，從點到線再到面成為資訊解構的新模式。網路時代是一個細節時代，越細越好，點越小越好。

**簡：**快閱讀追求輕靈、輕快，深入淺出成為資訊呈現的基本法則。把複雜問題說簡單是技藝，更是藝術。用淺顯的語言或者文字把深刻的道理、內容表達出來，最好的辦法就是學會講故事，用小故事來解釋大道理，把深的東西透過通俗直白的方式表達出來，讓人一看就懂。

**短：**碎片化閱讀，資訊消耗的時間很少，必須告別宏大敘事，不能求大求全，內容要少而精。必須告別空話講重點，告別長篇大論，盡可能用少量的字把事講清楚，透過精煉，把一點講透，方便使用者在有限的時間裡閱讀和理解。

**形：**IP 重氣質——內容品質，還重顏值——形。形式表現要從文字出發，運用雙關、誇張、比喻、象徵、諧音等方式，讓嚴肅的話題生動活潑，造就一種身臨其境的感覺，讓大家在輕鬆、自然、愉快中接受你的內容和價值訴求，形式更進一步的表現是「圖解」、「文摘」、「畫說」，讓內容視覺化。比如茶的滋味表達，無論文字如何描述，人們的體驗都不深刻，於是，一家品牌茶創造性發揮，用視覺化來表現——「我看到茶的味道」，用人們熟知的蔬菜水果來表達一款茶的香氣，這個創意表達不僅好評如潮，還讓更多的人愛上了這款茶。

**樂：**這是人的天性，任何時代，只要大眾可以自由選擇，必定喜歡輕逸超過沉重，喜歡豐富多彩超過單調與重複，喜歡笑聲超過哭聲……網路時代，一切都是娛樂業，要出來混，第一要務就是在你的基因中植入娛樂元素、幽默元素，讓使用者有看頭，更有樂頭，開啟消費者的情感按鈕，搶占消費者的心智空間，你就很容易脫穎而出，而且能藉狂風飛得很遠。

**鮮：**喜新厭舊是人的本性，資訊有保鮮期，而且很短，必須「領鮮一步」。網路是快經濟，速度第一，任何資訊必須第一時間說出來，第一個講出來的是天才，第二個講出來的是庸才，第三個講出來的就是蠢才。「領鮮一步」，你必須向前看，如果總是翻老皇曆，抖點陳腔濫調的事，顧客很快就會和你翻臉。領鮮，其實還是顧客說了算，說直白一點，你不僅要說出來，還要讓使用者聽見，就是用使用者喜歡的方式（如用臉書、音訊和影片等多種方式打組合拳），讓內容潤物細無聲地出現在他身邊。

# 第六節　兩大支持力，讓 IP 裝天線接地氣

用有靈魂的 IP，優雅地賺錢。

對於 IP，面子是陽春白雪的價值工程，裡子卻是下里巴人的庸俗賺錢。這不是物欲橫流、滿身銅臭，而是任何偉大的事業都需要庸俗地解決，高雅文化從來都需要藉助商業力量才能永遠流傳。

## 符號化，IP 患上「尷尬症」

賺錢是商業價值的展現，目標相同，境界卻有高低之分。曾經，人們用叫賣的方式賺錢，簡單粗暴，穿上 IP 這件華麗外衣，就會變得優雅從容。IP 還可以實現隱含成本連結，多次變現。正因為如此，才會激發大家的夢想，讓做 IP 變成一次行銷人總動員。

IP 的行動指南是消費更新。消費更新的主流觀點是這樣的：隨著經濟水準的提升，人們願意花更多的錢去購買高品質產品，在消費形態上，從大眾產品轉向高階商品；在消費觀念上，從「購買產品」轉向「享受服務」。結論是大家從物質消費過渡到文化消費。消費更新最神奇之處有兩個：第一個，價格可以脫敏，也就是可以賣高價；第二個，脫實入虛，提倡精神層面的共鳴。這些表現在 IP 上，就是符號化。

說到 IP，我們都有一張燦爛的笑臉，談到變現，大家卻是一臉愁容！全民 IP 狂潮，成功的案例不多，失敗的案例不少，這讓專家看不懂，更讓操盤者弄不明白，搞得大家都犯「尷尬症」。

如何利用 IP 賺錢？其實，這沒有那麼複雜，不管是高雅還是低俗，都和貨與人建立連繫，一個可能變現的 IP 也就圍繞貨與人建立系統。貨支撐內容，讓 IP 接地氣；人支撐精神，讓 IP 裝上天線，天地合一，變現自然發生，想不賺錢都難。

## 接地氣，產品承載 IP 內容

商業的本質就是賣貨，這是打造 IP 的責任和使命。賣貨，產品力是根本，是 IP 的物質基礎，IP 這個上層建築必須建立在產品之上，否則，就是無本之木，IP 不僅跑不快，跑不遠，而且還有掛掉的危險。

產品與 IP 相融，我們稱之為接地氣。產品是「價值＋內容＋關係」的新生態系統，已不再是曾經簡單的產品，而是一種連結體系，一種社會化的對話語言。

IP 是網路的產物，與 IP 共生的產品天生就有網路基因，有網路基因的產品很容易讓人想到一個概念，叫做極致。極致是一位企業家提出來的，由於其太成功太耀眼，我們把它過分解讀了，大家都把極致二字作為打造產品的真經。其實，這個世界上根本就不存在極致的產品（因為任何產品都是不完美的，都有改進更新的空間）。從顧客的角度來看，選擇從來就不靠一個單一要素，而是價格、功能、情感、時間這 4 個要素的組合，從中找到平衡。所以，只有均衡的產品，而無極致產品一說。當然，這個均衡還是帶著個性特徵的，我們稱之為綜合價值最大化。

產品的底層是功能，產品內容圍繞功能建立，是一個複雜的體系，實戰中普適性有那麼幾條：一曰科技，當然是科技的人性化運用。二曰品質，是功能的具體表現，也包含品質哲學。三曰體驗，也就是貼近生活的使用感受。四曰產品關係，也就是跟消費者的關係。透過這四點，最容易將顧客的夢想對映到產品上，引發人們的情感共鳴。

## 裝天線，人支撐 IP 精神

IP 是一種信仰。IP 的偉大之處，不只是把別人的錢裝進自己的口袋，更重要的是把思想裝進別人的腦袋。IP 模式誕生的產品，不是孤立的，是有溫度的，是產品與精神合而為一，差別只是強與弱。產品價值聚合起來的歸屬感和凝聚力，把共同的使用者聚合在一起形成社群，IP 最終是人與人的關係，我們把其叫做裝天線。

人才是 IP 的核心，IP 一直圍繞人進行，也只有人才能把飄在空中的精神與產品鏈成一個整體。

IP 是人的生態圈，是人與人的連結，這個點對點的結構很複雜，大體上還可以分為三類：創始者，經營團隊，使用者。

**創始者：**IP 發現者，最堅定的守護者，自帶勢能，自帶流量。網路時代，創始者不能沉默，沉默不是金，而是不自信。創始者必須為自己代言，代言可不是一句話，而是一個技術工作，這個技術我們在下一節為你揭祕。

**經營團隊：**經營團隊不僅是價值的踐行者，還是產品最忠誠的粉絲(除某些超出團隊消費能力的產品外)，不管是產品還是內容，如果連內部團隊都不感興趣，還談什麼打動別人？

**使用者：**IP 模式下的使用者，不是局外人，而是組織生態的一部分。組織是開放的，品牌是平臺化的，使用者在這裡要實現自我，共同創造美好的未來。

人在 IP 中出現，表現方式是豐富多彩的，而且極具個性化，能點燃我們內心的通用方式有以下幾個：英雄主義；平凡的人做不平凡的事。實做和愛心。時間和價值堅守。把這麼多複雜的方式用一句簡單的話來概括，就是要在 IP 這個圈子裡減去冷淡，加點體貼，除掉冷漠，乘上關懷，讓每一個節點都感到愉快，每一個人都有歸屬感，在這裡找到自己的幸福。

# 第七節　爲自己代言，IP 騰飛的加速器

*老闆感召力大，IP 勢能震天下！*

網路時代，沉默不再是金，老闆必須從幕後走向櫃檯，為自己代言！這不是表揚老闆，也不是批評老闆，而是老闆必須承擔的新責任。

## 打造 IP，是領導者任務

IP 折射的是三觀：價值觀、人生觀、世界觀。這三觀從客戶中來，不是創造，更不是輸出，而是發現，從我們錨定的個體中發現，然後連結，進而提升進化。這個發現者，除了老闆，別無他人。老闆是 IP 的核心、引擎和靈魂。

IP 是一個新生事物，目前理論體系還不成熟，實戰指標案例也不太多，還要不斷尋找前行的方向和前進的方法。摸著石頭過河是 IP 的基本策略和行動方法，加之各種理論混雜，IP 這個池子水太渾，無法準確感受到水流緩急，摸石頭有相當高的風險，不確定性太大，交學費在所難免，只有老闆長而強大的手臂，才能為 IP 創造一個避風港，老闆是 IP 的方向盤，更是 IP 的守護神。

IP 打造必須全員參與。產品使用者也好，IP 粉絲也罷，核心使用者是關鍵，透過核心使用者發現價值，透過價值連結，從個體喜歡到群體狂歡，這是過去、現在和未來都必須遵守的基本原理。產品最好的使用者，企業最忠誠的粉絲，一定是企業的員工，不管是產品還是內容，連創造者

自己都不熱愛，如何吸引別人？即使再開放的組織，也是圍繞一個中心運轉的，這個中心就是老闆，老闆的時間在哪裡，員工的精力就在哪裡；老闆的興趣是什麼，員工的愛好就是什麼；老闆帶頭，員工才會加油。老闆是打造 IP 的加油站、加速器。

IP，是個領導者任務。網路時代，沉默不是金，而是不自信。老闆為自己代言，聲音一般比別人大，老闆一說話，IP 很容易傳天下，老闆是 IP 的擴音器。

## 為自己代言，老闆的六雙行動鞋

為自己代言，老闆們其實是很拚的，捲起袖子做，站起來講，坐下寫……可是一樣的努力，結果卻相去甚遠。為自己代言，不僅要有花招(如敢講、敢超越本分、敢怒敢言等)，還要會絕招，這絕招就是六雙行動鞋，即專業、責任、人性、個性、凡人、娛樂。

### 第一雙行動鞋：專業

IP 內容為王，這個內容不是一般的內容，是招牌內容。老闆要為自己代言，必須專業，只有展現專家化的形象，使用者才會認同你！成為專家，引領眾人，這是代言的前提條件。老闆專家化有策略家、戰術家、實幹家三個方向。策略家，看得比別人遠，能透過迷霧洞見未來，激勵眾人前行。例如一位網路公司的老闆，網路技術不入流，大趨勢掌握能力超一流，大家對其頂禮膜拜。實幹家，堅持為自己代言，先問自己三個問題：我看得遠嗎？我看得透嗎？我做得好嗎？

## 第二雙行動鞋：責任

IP 具有鮮明的個性，以獨特的價值觀和豐富的內容做支撐，這個支撐點是責任和擔當。弄點小錢花，那是生意人，最多也就是小老闆。為國賺點技術，為民族做個品牌，為使用者打造尖叫的產品，那是中老闆。為人類謀福祉，建立一個正確的使命 —— 人類生活更美好；有一顆敬畏之心 —— 尊重他人和其他企業及組織；建立全新商業思維 —— 做一個合格的社會公民，以人為本，關心消費者、員工、投資人、商業夥伴以及我們生活的這個世界，這才是企業家的境界，也是企業家的責任。

## 第三雙行動鞋：人性

IP 的終極目標是變現，變現必須有好的產品，如果產品不能給顧客好的體驗，那麼老闆的代言不管用什麼招（花招、高招、絕招），只會招來顧客的嘲笑，代言就會變成奏哀樂。為自己代言必須慢慢來，先練好內功 —— 打造好產品顧客眼中的產品是老闆的人品，好產品會替老闆人格加分，形成強大的吸引力，IP 才能傳天下。

什麼是好的產品？標準只有一個，大家說好才是真的好。IP 語境中的產品與工業時代的產品，同一個東西，卻不是同一套邏輯。IP 的產品以顧客為中心，心裡要先裝著顧客，考慮的是人性化，使用場景，以場景連結功能，以功能承載情懷，使其具有情感、個性、情趣和生命。讓產品閃耀人性的光輝，這才是真正的產品哲學。

## 第四雙行動鞋：個性

網路啟發個性，在泛濫的資訊中，只有鮮活的個性才能脫穎而出。個性成為標籤，為自己代言，有性格，收穫一切。談到個性，很多人走極

端：敢吹，敢秀，但這都與老闆無關。

老闆的個性是使命與責任，展現自己與眾不同的夢想。老闆必須是特殊材料做成的，勇於挑戰常規，打破一切常規，要善於挑戰產業領導地位；要勇於創新，不走別人走過的路。從產品到商業模式，做最好的自己，才能吸引眾人同行，大家才會聚集在你身邊，不僅會關注你，讚美你，還願意永遠跟隨你。這一點，有位企業家就是一本教科書，創業之初他就聲稱要辦一家 102 歲的企業，就這麼一句話，你不服都不行。

## 第五雙行動鞋：凡人

我們很容易把成功人士神化，但老闆必須有清醒的頭腦，不做神而做人，做一個平凡的人，讓自己走下神壇，走進平凡人的生活，成為他們的玩伴。平凡人一定不是完人，是人就會犯錯誤，犯錯不要緊，不化妝掩飾，自嘲一下認個錯，顧客仍然會尊敬你。有位企業家最懂得這個道理，把梳子做到在香港上市，孤獨領先很多年，他從來就把自己當凡人，一直稱自己就是一個木匠，還時不時自嘲一下成長史：一直想當詩人、畫家，幾近餓死街頭，最後做了一個木匠。做平凡人，就要有平凡人一樣的感情和語言體系，與顧客在同一頻道，否則大家就會離你而去。

## 第六雙行動鞋：娛樂

網路的基調是快樂，是反嚴肅，網路時代一切行業都是娛樂業。為自己代言，老闆必須搞清楚這個道理。使用者需要輕鬆活潑與搞笑，你沒娛樂性，顧客就認為你不該出來玩，就應該消失。

為自己代言，必須要有娛樂基因，內莊而外諧，幽默風趣，甚至勇於自嘲，讓自己有那麼一點點娛樂色彩。為自己代言，必須要學點寫文章的技術，文字要簡，立意要巧，表達要妙，讓他們輕鬆、自然地接受你的訴求，顧客樂了，才會和你一起玩，才會與你共同前行。

# 第八節　十一個通用故事，引爆 IP

零成本連結，彎道超車。

有些行銷人想得美，以為幾個字寫一寫，就可以讓品牌如高山上打雷——聲名遠播，可以讓銷量如芝麻開花——節節高升。張三想藉 IP 實現逆襲，李四的目標是跑出火箭的速度，王麻子想實現贏家通吃，大家都拚命想搭上 IP 這趟豪華列車！

## 打造 IP，理想美好，現實難堪

夢想 IP「登高一呼，眾山迴響」，結果卻是「曲高和寡」，甚至「孤芳自賞」。精心打造的 IP，自己掏心掏肺，顧客不是充耳不聞，就是左耳朵進右耳朵出。效果相當平淡，甚至負面。IP 如何才能吸睛、勾心、勾魂？IP 如何才能成為使用者的精神社群？

IP 的本質不是創造，而是一次發現之旅。換上使用者的腦袋，破譯使用者心智的密碼，精準掌握使用者脈搏，你才能發現真相。資訊過剩的年代，人們本不願意了解更多的資訊，與自己無關的資訊，人們不僅會拒絕，更會防範。與他相關的資訊，不僅需要是好料，還需要好的形式，否則就是話不投機，要麼對你視而不見，要麼拒你於千里之外！

## 打造 IP，誰有故事誰勝出

換上使用者的腦袋，你就能聽到使用者內心的聲音：人們喜歡輕逸超過沉重，喜歡豐富多彩超過單調與重複，喜歡軟性的知識多於強硬灌輸，人們討厭冰冷的文字，追捧動聽的故事。人們會拒絕專業，但無論大人小孩，沒有人會討厭一個動聽的故事！

將 IP 裝進人性和情感故事的口袋，才能克服人們的認知惰性，才能形成有效的情感連結，才能建立使用者渴望的精神社群，這就是打造 IP 的祕密。

IP 故事其實是「觸發與連結」的過程，講者連結 —— 影響與連繫，聽者觸發 —— 將判斷對號入座，與自己連結。一個好故事，不僅能引發顧客去想像，還能觸動顧客的靈魂，讓使用者感覺到這代表的就是自己，這樣他們不僅會聽，更會主動參與，形成同理、共振。下面用 11 個通用故事，講述如何打造 IP。

## 時間故事

### 時間故事原理

時間有消逝一切的能力 —— 洗盡鉛華亦沉澱明譽。

時間最本質的力量是熬，偉大大多是熬出來的，在堅持中昇華！人內心深處對這種力量充滿敬畏。有些企業追求速成，演繹「加速錢進」，同時也在上演生死時速。經得起時間檢驗，在光陰沉澱中每日精進，成為時間的勝者，就能搶占心智的制高點，使用者不僅會認同，還會崇拜！

## 時間故事運用指南

時間故事多用於講技術、品質、成長歷程等，並常用以下方式呈現：第一，遵守成長定律，事物成長有其自身規律，一夜成名一定曇花一現，拔苗助長一定是催命符。要對時間充滿敬畏，有耐心且有信心「慢慢地」成長。第二，承諾原則，即說到做到，告訴大家你謀一時也謀萬世，你有能力也有耐力成為長跑冠軍，讓時間來檢驗，大家共同見證。第三，堅持法則，偉大是熬出來的，用事實說話，你一心一意，一輩子細細雕琢一個好玩意（產品），必會讓使用者感動和驚喜。

## 時間故事案例 —— 孤獨的手藝

有一位國家級手工藝大師，用時間講孤獨手藝，一錘錘敲的是銅，展示的卻是動人的 IP。

手工打造銅壺，是「慢工出細活」。從剪銅板開始，將 2 公釐厚的銅板，剪成規則的圓形。將這個圓的弧形剪好，需要力量與硬度的完美結合，非十幾年的工夫不能達成。

更細的工作是錘打，把退火的銅片放置在木墩上，錘子敲出弧度，再細細弄平，一連幾十個小時、幾千幾萬下的敲打，循環往復。「叮叮噹噹」兩小時，銅板上也只留下微微的錘痕，一把手工銅壺的完成，需 5 萬次敲打。大師揣著「少一榔頭都不行」的信念，一敲就是 30 年。

手工打造一把銅壺，還需要拋光、熱灼色、封蠟等十多個步驟，每一個環節都微小而專注，費時費力，不花上兩、三個月的工夫，無法完成一個精器。

這樣一門孤獨的手藝，只有耐得住寂寞的人才能完成，大師用孤獨前行幾十年，翻越一座又一座高山！

## 傳承故事

### 傳承故事原理

IP 是一種信仰。IP 的偉大之處，不只是把別人的錢裝進自己的口袋，更重要的是把思想裝進別人的腦袋。文化是思想的載體，文化是一種神祕元素，增強使用者對 IP 的敬意與嚮往，創造有歸屬感和凝聚力的社交空間，被人們執著地追捧。

傳承是文化的承續，是文化中最珍貴的記憶。傳承文化深深植根於群眾之中，基礎廣泛，生命力極強，不僅是文化的生命密碼，更具吸引世界目光之力。民族傳承文化，可以擦亮 IP，更是 IP 全球通用語言，讓 IP 在全球閃亮。

### 傳承故事運用指南

傳承一般用於講品牌故事、創始人故事和品質創新故事。傳承故事就是古為今用，就是繼承和發揮東方哲學，展現我們自己的人生觀、價值觀、世界觀，活出東方色彩。

傳承有獨特的文化魅力。一些大品牌都流著傳統文化的血，如戰勝可樂的茶就是傳統文化的代表。

## 價值故事

### 價值故事原理

IP 是一個社群，內容是連結，連結就是使用者之間的持續對話，對話第一原則是對等交流，交流的基礎是價值觀。沒有共同的價值觀，就不在同一個頻道，再精妙的故事也會話不投機，話不投機自然各奔東西。打造 IP，必須先高高舉起價值觀這面大旗，做到見人見事見思想，建立真正關愛的文化，才能被使用者認同和崇拜。

## 價值故事運用指南

價值故事多用於經營理念和企業文化這個層面。價值故事，解決的是物以類聚、人以群分的問題，不是口號，而是我們這個社群共同遵守的做事原則，也就是發現社群共同的人生觀、世界觀，精心呵護，讓其長成一棵參天大樹。

IP 的價值觀是在商不言商，傳遞普世價值而不是商業利益。「善」，即把善行義舉併入企業文化，把善視為使命、願景；「仁」，即心存仁愛，真誠無私，尊重他人；「信」，即言行合一，信守承諾，誠實正直。

## 價值故事案例 —— 關於烏雞白鳳丸的故事

價值故事很容易變成口號，講價值故事在於行動而不是表達，把價值觀解碼成為行動，一言一行展現人們的原則。有一老字號的中藥，經過風雨洗禮依然屹立不倒，他們用一個小故事，告訴大家如何堅守初心，用心做藥，永遠讓我們信賴。

烏雞白鳳丸是婦科良藥，也是這家中藥行的名藥。據研究，烏雞的體內含有十種左右的氨基酸和多種微量元素，具有很高的藥用價值。

當年發生過這樣一件事，一位員工向中藥行的第十代傳人報告：「我們的烏雞不夠了。」

第十代傳人說：「趕緊去買啊！」

員工無奈地說：「問過了，哪裡也買不到，要不然怎麼敢打擾您呢？」接著，他出了個主意，「我們還有些雞，就是有幾根雜毛，不細看都看不出來。要不先用這些雞？」

第十代傳人瞪起了眼：「你知道『修合無人見，存心有天知』的古訓嗎？」

員工囁囁地答道：「知……知道。」

第十代傳人：「既然如此，為什麼還講這種沒規矩的話？說出這種有違古訓的餿主意？」

看到員工臉上紅一陣，白一陣，第十代傳人又說：「『炮製雖繁必不敢省人工，品味雖貴必不敢減物力』，這是我們中藥行的根本，比什麼祖傳祕方、靈丹妙藥都重要。沒有純種的烏雞，我們寧可不做烏雞白鳳丸，不賺這筆錢，也不能用雜毛雞騙人！」

## 使用者故事

### 使用者故事原理

網路對使用者賦能，使用者不再是單純的產品使用者，而開始兼具生產者、參與者、傳播者多重角色。使用者的角色發生變化，企業必因使用者的變化而變化，組織生產只是最基本的任務，除此之外，還要提供管道讓使用者參與互動，設計無邊界組織，讓自己成為平臺提供者。

網路時代，企業必須放棄一元化思維，放下強者心態，降低身段，學會向使用者分權，將使用者真正納入組織體系建設中來，共同創造和諧美好的大家庭。

## 使用者故事運用指南

使用者一般用在產品和服務這兩個環節，曾經的用法是顧客說你好勝過打廣告，那是過去式，與 IP 無關。IP 不是求使用者按讚，為你把美名傳；IP 其實是使用者發現自己，需要展示的是真自己。IP 使用者故事，就要展現大家的圈子狀態，在這個圈子裡減去冷淡，加點體貼，除掉冷漠，乘上關懷，讓每一個節點都感到愉快，每一個人都有家的歸屬感。

使用者故事的最高境界 —— 企業把使用者當主人而不當外人。把企業建成一個透明開放的平臺，真正讓使用者參與，自己做主，讓使用者與企業形成共生的整體，共同創造美好未來。共建共治理想其實早就照進現實，一些企業家就是這樣做的。某一個品牌讓大家都有參與感，萬千粉絲積極建議獻言，使用者的力量讓該品牌快速更新疊代，自己的建議獻言在產品上出現，大家都有主人感和成就感，按讚轉發做得氣氛熱烈，開啟一個品牌時代。

## 使用者故事案例 —— 王老闆和一家培訓機構不得不說的故事

使用者故事最簡單的辦法就是：嘴裡問候著客戶，眼中看著客戶，心中想著客戶。有一家規模不大但在圈子內影響力不小的 A 培訓機構，把使用者感動得一塌糊塗，締造了一個業界傳奇。

王老闆領導著一家不大不小的企業，也算是小有成績。王老闆是一個有想法的人，他的夢想雖沒有改變世界那麼大，但也不是賺點小錢花花那麼小：他要打造一個受人尊敬的百年老店。為了這個理想，王老闆堅持投入：一是投資企業，為贏得未來進行布局。二是投資自己，不斷學習，讓自己與時俱進。王老闆十分愛進修，每年花費在進修上的費用可真不少。

可是在 A 培訓機構他卻吃了好多次閉門羹。有一次，王老闆興沖沖地去參加 A 培訓機構舉辦的總裁研修班，A 培訓機構的負責人委婉地拒絕了他：「王老闆，這次研修的內容是用流程重塑管理，是為成熟企業規劃的，你的企業屬於成長型，必須追求速度，以行銷推動管理，二者的差異性較大，思維不同，運用的工具也不一樣，我個人不建議你參加此次活動。」

這類遭遇王老闆在一個月內居然遇到兩次，他有點生氣，乾脆把 A 培訓機構從大腦中刪除了。兩個月過去了，A 培訓機構負責人帶領團隊出現在王老闆辦公室，向王老闆呈上一份企業學習計畫，並真誠地對王老闆說：「王老闆，我們團隊經過調查，結合您所處的產業和企業發展階段，幫您制定了一個企業學習計畫，不管您是否到 A 培訓機構來進修，我們都希望您花點時間看一下，應該對您有幫助。」王老闆一看，正是企業當下要解決的重要又緊急的問題。大小場面經歷無數的王老闆，享受這種待遇還是第一次，由此開啟與 A 培訓機構的合作，至今已超過十年。

培訓行業一般是鐵打的營盤流水的兵。A 培訓機構的用心，讓使用者感動。儘管它不做推廣，也不為很多人所知，卻讓一批人熱愛，大家多年不離不棄，A 培訓機構也與客戶共同成長，創造出培訓業的佳話。

## 英雄故事

### 英雄故事原理

講故事不能缺人物，講人物其實是有方法的。一般情況下，所有人物中突出正面人物，正面人物中突出英雄人物，英雄人物中突出核心人物。現實生活中多數人是普通人，普通人心中都有一個英雄夢，英雄人物有廣

泛的民眾基礎。企業領袖本來就是商戰中的勝者，自然位居英雄之列，自帶傳播勢能（所以我們主張老闆為自己代言）。IP 裝上英雄翅膀，不僅能獲得主流文化的認同，而且站在道德的肩上，飛得遠也飛得快！

### 英雄故事運用指南

英雄故事一般用在創始人身上，也常用來講團隊。在人們眼中，商業英雄不是人，而是神，遮天蓋日，光環無邊。IP 的英雄故事有另外一個邏輯，IP 需要的不是個人英雄主義，而是激勵眾人前行，個人其實是大眾的符號化，代表大家去實現英雄夢。英雄之魂是挑戰，帶領大家不走尋常路，打破一切常規，共同開創未來。英雄之氣是堅韌，百折不撓，苦痛歡樂，一定要到達彼岸。英雄故事精妙在於拿捏，過猶不及，特別是只收穫了一些些的企業，可以有那麼一點英雄之氣，但不可以把自己說成改造世界的英雄。

## 名人故事

### 名人故事原理

名人必有其過人之處，必定在某一個領域付出了相當的努力，名人不僅有知名度，還有相當高的美譽度，形成特定的人格魅力。人們一直崇拜名人，把名人當偶像，更把名人當榜樣。名人有很強的暈輪效應，IP 與名人掛鉤，就能快速建立社群的價值認同，讓社群更具吸引力、感染力、說服力。

## 名人故事運用指南

名人故事相對單一，一般以代言或者消費者的身分出現。網路時代很糾結，名人自帶的流量對大家都有吸引力，網路是有情緒的，喜歡扒去名人光環讓他們走下神壇，甚至打下深淵，這有很大的風險。IP 與名人那點事，不能走代言人的老路，必須以另一種身分和方式表現出來，創新方法是明星合夥人，和名人一起開創一個有人格的產品，讓名人與大家庭成員共生共長。

## 名人故事案例 —— 讓季辛吉碰壁的酒吧

名人故事，其實就是借用名人效應作為品牌的背書。名人故事有三種不同的用法：一是正用，就是請名人代言，花錢買名氣。二是損用，即運用語言藝術繞過名人卻又能咬住名人，拚命惡搞名人，踩著名人上位。三是妙用，即利用已沒有肖像權的歷史名人，免費為自己代言，借船出海。名人故事的最高境界不是借力名人，而是把名人當使用者，這樣才能展現 IP 的價值，讓 IP 有永續的生命力，成就經典中的經典。

有一位猶太人，在耶路撒冷開了一家名為「芬克斯」的酒吧。酒吧的面積不大，30 平方公尺，但它卻聲名遠播。

有一天，他接到了一個電話，那個人用十分委婉的口氣和他說：「我有十個隨從，我們一起前往你的酒吧。為了方便，你能謝絕其他顧客嗎？」

猶太人老闆毫不猶豫地說：「我歡迎你們來，但要謝絕其他顧客，不可能。」

打電話的是美國國務卿季辛吉（Henry Kissinger）。他即將結束訪問中

東的行程，在別人的推薦下，才打算到芬克斯酒吧。

季辛吉坦言告訴他：「我是出訪中東的美國國務卿，我希望你能考慮一下我的要求。」

猶太人老闆禮貌地對他說：「先生，您願意光臨本店我深感榮幸，但是，因您的緣故而將其他人拒於門外，我無論如何辦不到。」

季辛吉聽後，摔掉了手上的電話。

第二天傍晚，猶太人老闆又接到了季辛吉的電話。首先他對前面的失禮表示歉意，說明天打算帶三個人來，訂一桌，並且不必謝絕其他客人。

猶太人老闆說：「非常感謝您，但是我還是無法滿足您的要求。」

季辛吉很意外，問：「為什麼？」

「對不起，先生，明天是星期六，本店休息。」

「可是，後天我就要回美國了，您能否破例一次呢？」

猶太人老闆很誠懇地說：「不行，我是猶太人，您該明白，禮拜六是個神聖的日子，如果經營，那是對神的玷汙。」

讀過這個故事，你就知道為什麼一個 30 平方公尺的小酒吧連續多年被美國《新聞週刊》（*Newsweek*）列入世界最佳酒吧前十五名。

## 品質故事

### 品質故事原理

IP 是一項優雅而偉大的工程，任何偉大的事都需要庸俗地解決。IP 也逃不出這個道理，IP 也必須變現！變現就離不開產品，網路語境下的產品是功能價值和情感的融合，功能是基礎，好的功能承載價值主張，生成內容產品。品質這個基礎決定 IP 這個上層建築，品質有故事，IP 才能脫離虛化符號，傳承人文情懷，連結起使用者的生活。

### 品質故事運用指南

品質故事使用比較窄，多用來講經營哲學和顧客關係。用品質來說話，請不要拿老掉牙的「好產品自己會說話，好產品自己會走路」來搪塞，更不要秀花錢買的獎盃，那是老王賣瓜時代的方法，使用者做主的時代，這些不可靠。

使用者時代，使用者說了算。品質故事也因使用者角色的變化翻了新篇章，IP 與品質的故事，必須要有使用者視角：使用者對品質如何建言——提供產品更新創新的方法；如何建造——個性化的訂製及最佳化；如何驗收——體驗與感受產品。

## 愛的故事

### 愛的故事原理

愛是人類永恆的主題，是推動人類進步的主要力量。各種藝術品創作，愛永遠是第一主題。正如歌德所說，這個世界如果沒有愛，還有什麼意義！

人類情感力量很強大，會左右對事實的看法，IP 中加入愛的元素，會使產品去掉赤裸裸的商業化，不再呆板、冰冷，而變得鮮活、溫馨、浪漫，具有人文情懷，IP 才能成為社群精神家園。

## 愛的故事運用指南

狹義的愛指愛情，就是卿卿我我，雖然美，卻只能照亮兩個人的世界。打造 IP，其中的愛是廣義的愛，是博愛。博愛是一種企業家精神，追求以義統利、興和諧之道、立誠信之業，宣揚以德化人、敬天愛人。愛也是通吃型故事，任何一個環節都可以用，一般在團隊、品牌、企業文化、顧客關懷方面運用得更多。

## 愛的故事案例 —— 企業就是一個家

博愛作為經營哲學在全球普及，日本新經營之神稻盛和夫居功至偉，創造了兩個世界五百強的企業，老來向全世界宣揚敬天愛人的經營哲學。

博愛也不只是經營之神的專利，有一家茶葉企業，博愛又低調，潤物細無聲，讓人感到體貼無處不在，建立一個吹不散打不垮、戰鬥力十分強大的團隊，硬是在茶產業實現逆風飛揚，快速崛起，成為茶企業的領軍企業之一。

這家企業的理念是：員工之間和睦、互助，在這裡收穫幸福；提倡仁者愛人，把每個員工看成有血有肉的人，而不是「生產元素」，尊重他們的情感與個性化的生活方式。該企業讓員工與公司有同一個夢想，鼓勵不同層面的員工參與公司決策，不斷完善發展每位員工的專業技能，激發和幫助員工去實現更高的期望。

該企業經營的電商是茶企業的領頭羊，其電商團隊因專業性，一直是眾多茶企業挖角的對象。一般來講，這個電商團隊的一個客服到其他茶企業就會直接升到部門主管的職位，該團隊有 5 名客服，其中 2 人被同行挖走。儘管他們加入了競爭對手團隊，原本的企業還是在情感上支持他們，因為在這家企業眼中沒有對手，只有隊友。他們認為，共同把茶產業做大是領軍者的責任與擔當。因此，每一位員工離開，這家企業都會為他舉辦一個隆重的歡送會，叫他們不忘回家來坐坐，如果在外面遇到困難，做得不開心，這裡的大門隨時為他開啟。結果，那兩名員工不久之後又回到了這個溫暖的大家庭。

## 夢想故事

### 夢想故事原理

夢想是人類前進的動力，夢想是企業前進的引擎。企業腳步達不到的地方，眼光可以達到，眼光達不到的地方，夢想可以達到。

一個好的夢想故事，顧客聽到的是對社會的承諾；員工聽到的是偉大的願景，合作夥伴聽到的是偉大的事業，能激發眾人朝共同的目標前行。做企業，不管是大企業老闆還是小公司老闆，夢想必須要有，有夢想才能去做，去實現！

### 夢想故事運用指南

任何企業任何時間任何人都可以拿夢想來說故事，只是在說法上有差別，大企業喜歡稱之為願景，小企業叫做夢想。夢想與 IP 相遇，自然要更新規則，IP 所說的夢想，是社群的共同夢想，是使用者夢想對映的集合，這個夢代表使用者，必須照進使用者的生活，IP 的夢想必須能解碼成為使用者的語言行為和生活狀態，這樣才能激勵人心，激發士氣，讓大家共同前行，到達彼岸。

### 夢想故事案例 —— 孫正義是個瘋子

夢想，是邁向成功的第一步，前行的動力，偉大的夢想多數是以神靈般的預言出發，獲得的不是唾液就是「瘋子」的稱號，連知名企業家也曾經享受過這待遇！還有一個男人，他的夢想始終與「異端」或「瘋子」如影隨形。

一個只有十九歲，手中僅有一百多美元的普通年輕人，個人生涯規畫的內容是：二十多歲時，要向所投身的行業，宣布自己的存在。三十多歲時，要有一億美元的種子資金，足夠做一件大事情。四十多歲時，要選一個非常重要的產業，然後把重點放在這個產業上，並在這個產業中獲得第一，公司有十億美元以上的資產用於投資，整個集團擁有一千家以上的公司。五十歲時，完成自己的事業，公司營業額超過一百億美元。六十歲時，把事業傳給下一代，自己回歸家庭，頤養天年。這個「瘋子」就是孫正義。

## 凡人故事

### 凡人故事原理

人類曾經流行菁英主義，對普通人缺乏關注。任何故事都抓大放小，大人物是焦點，普通人靠邊站，即使有機會參與，也就跑跑龍套露一下臉。

網路讓平民崛起，話語權從菁英開始向平民轉移，社交模式興起，普通人也可以成為意見領袖，根據同理法則，普通人對普通人有更強的影響力。商業上菁英開始讓位，凡人登場。企業必須與時俱進，換個思維換個做法，關注普通人，親近普通人，說普通人的話，做普通人的事，走進普通人的心，大家手挽手心連心一路向前。

## 凡人故事運用指南

凡人最適用的地方是講團隊，平凡的人做出偉大的事。凡人故事，大家不願講，不會講，干擾較少，又有親和力，反而能脫穎而出。凡人故事是一種新觀念 —— 必須告別做神，學會做人，讓自己成為凡人，讓自己更可親可近；凡人故事是一個新思維，關注使用者，讓使用者成為主角，讓使用者說話，用他的親身經歷表達社群的真實狀態，讓顧客自己感動自己。

## 凡人故事案例 —— 一代賣貨郎

凡人故事其實就是用真人真事，打動真人。顧問界是一個「大師滿天飛，專家遍地走」的行業，田先生做過世界五百強的金螺絲，也做過民營企業的鐵馬達，曾經帶領公司運用終端壓逼戰術與世界級對手一比高下，撼動其市場地位，也以聯合創業者的身分，在一個垂直行業做到第一。「我從實業轉戰顧問，出過幾本有那麼一點影響力的書，也登上過知名大學的講堂，捎帶貢獻了幾個指標案例。」田先生這樣講自己的故事。

田先生是一名行銷老兵，市場人稱一代賣貨郎。他的夢想是，不求改變所有企業的命運，但要讓幾個企業因我而不同。他的主業是賣貨，曾經帶領團隊深入市場肉搏，現在謀定而後動，不僅要決勝千里，還要讓賣貨變得優雅。他的副業是寫文章，作為一個文字工作者，別人寫作用腦，他寫作用心，特別喜歡與自己較勁，下蠻力用笨工夫，揭開層層面紗，還原事物本來的面目。他認為這樣才能對大家有幫助。

# 「傻子」故事

## 「傻子」故事原理

傻是一個負面字眼，傻在商業中有新含義，不是無知，更與笨無關，而是一種方法論，是一種企業精神。傻就是「不怕吃虧」的精神，不占便宜，不坑人；傻是一種實幹精神，少說空話，多做實事，先付出，再談回報；傻就是專注，一頭栽下去，天天為自己加油，用思想與汗水，朝著理想一步一個腳印地前行，透過時間與力量的累積走上成功之路。

## 「傻子」故事運用指南

傻其實是大智若愚，是一種很高的境界，是常用的企業理念與經營哲學。傻其實是一種真誠心態，誠信經營，坦誠而不掩飾，敢擔責任，傻是一種精神境界，不走捷徑，不僥倖與投機，踏踏實實做事，老老實實做人；傻還是一種呆萌狀態，讓自己顯得可愛，以「單純、天真、輕鬆」的可愛模樣與人親近。傻子故事力量大，用法少，一般用於團隊和企業家精神！

## 傻子故事案例 ——「茶界阿甘」

踐行「傻」文化，其實是心存敬畏，短期內可能會投入與收穫不成正比，但長期看，都會獲得最大收益，茶界就有這樣一個傻案例。

一位厚道的普洱茶製作者，有茶界「阿甘」之稱，別人製茶用手，他製茶用心。普洱茶，這個產業比較窄，市場規模沒那麼大，可是這個行業很浮躁，參與的玩家極盡炒作之能事，名稱概念滿天飛，天價茶更是層出不窮。這位製茶者是這個浮躁行業中為數不多的實幹者，他不炒作，不速成，不追求市場熱門話題，以利他原則做茶，要讓普洱茶走進千家萬戶，共享美好真味！

這位製茶者走到今天，是數十年如一日地「傻做」、「傻投入」、「傻付出」，他做得多，說得少，數十年，他踏遍莽莽的原始森林和江河縱橫的茶山，尋找古樹普洱茶；為了再現古茶味，他遵照傳統，親自製茶，用舌尖品嘗每片茶葉。他做良心茶，做放心茶，做老百姓喝得起的古樹茶！他注重天然健康，注重高 CP 值，注重口碑，卻不注重廣告，不追求被所有人知道，只追求讓百人喜歡，讓茶友喝到一杯好喝、天然、健康的古樹茶，讓世世代代永享古樹茶的美味、天然與健康！

他為一杯好茶，對品質控制和成本控制幾近偏執，靠的是常人難以理解和忍受的長期艱苦奮鬥，終成普洱茶製作名家、產業頂尖人物。

# 第五章
# 離散，品牌新規則

個體經濟時代，市場離散，社交連結離散為社群，社群聚合價值為共識，共識搭載產品建立品牌平臺，平臺自生長為消費部落，這就是新的品牌規則。

## 第一節　社群時代，品牌離散

**天下大市，合久必分。**

「分」是當下市場的主調，曾經的主流市場在近幾年星光黯淡，曾領先的大品牌，如今的姿勢有點難看：在自己的傳統地盤上嚴防死守，貌似堅不可摧，卻被一些新物種輕鬆突破，不經意間，市場被侵蝕掉一大片。

市場分裂與分化，已不是一天兩天的事，可以說是陳年舊事。產業領先品牌，一般對市場高度敏感（敏感才成就其市場領導者的江湖地位），重視布局未來，期望讓基業長青。對於市場分裂與分化，他們不僅高度關注，而且百戰成精，開創出一套市場細分法獨步天下。

面對新物種入侵，領導品牌活用細分市場這個殺手鐧，全面參與競爭。這個曾經讓大廠們橫掃一個又一個細分領域、成就超級品牌的大殺器，現在威力全無，為什麼？

市場細分其實是工業時代的產物，也是最厲害的品牌技術。大抵經過三個階段：第一階段，運用地理分布、人口、經濟、文化等幾個顯性因素做出點新花樣，就可在天下大同中創造大不同，細分玩得風生水起。第二階段，顧客進化，消費從單純功能變為「功能＋情感」，細分要素在顯性因素上增加了隱性因素，變成統計學變數和消費者情感精神變數雙向出擊，開發出有溫度的產品，讓人尖叫。第三階段，網路興起，以「傳統＋網路」雙輪驅動，嫁接網路大數據，以小而精作為切入點，讓產品打動人心，製造大殺器。

市場細分，即加入網路思維和大數據技術的最高境界，創造出一個有個性、有溫度的產品。進行精準行銷，其本質是尋找共性，找到一個群體的最大公約數，與傳統企業關注主流市場的做法差不多，其只是限制多一點，規則更細一點，從某種意義上來說，細分市場不過是一個縮小版的主流市場。

細分市場，一直在擺脫簡單的功能主義，為品牌新增一些社會屬性，努力打造有性格、有溫度的產品，讓品牌人格化。但無論是情感還是文化，都是企業單方面的行動，是一個從無到有的創造，由遠及近的傳播，顧客普遍缺乏參與感，體驗感也一般，更談不上認同感和歸屬感，結果顧客不買單！

網路時代，個體崛起，個人影響力日漸加強，個體成為商業的基本單位，每個人都能發出自己的聲音，能建立自己的影響力，市場話語權易位，主導權從企業交還給使用者。崛起的個體不僅有很強的表達願望，還有很強的參與感，他們不喜歡被動接收，而喜歡主動參與，他們不希望做局外人，而是自己的品牌自己做主。這就要求曾經封閉的企業開放透明，建立一個共生的品牌平臺。

個體崛起，使用者追求時尚化個性化，不僅希望獲得功能上的滿足，還希望產品成為自己的表達。所以，我們要把消費者的希望與夢想融進品牌，帶給顧客全新的體驗，並引發其共鳴。

網路時代，個體崛起，不僅是顧客的革命，經典的品牌理論也需要更新，必須要擺脫過去，運用新思想、新工具與方法，才能獨立潮頭，走向彼岸。

## 從個體出發，爭奪入口

個體崛起後，商業的基本單位是個體，品牌必須從個體出發，從個體消費的場景、儀式感、專業性等維度塑造一個有溫度的個性化品牌。

從個體出發，關注個體，打造個性化品牌，更注重個體的發聲，透過價值主張吸引集聚一群人，形成一個圈子，一個圈子就是一個入口，這個時候個體不是作為普通人出現的，而是超級個體，聚合更多的超級個體，讓品牌有更多的入口。

## 樹立價值，開創包容性品牌

商業從個體出發，可以創造出鮮明的個性，也製造出一個難題——規模效應。任何商業模式都必須追求涵蓋，單獨的個體很難實現商業價值。從個體出發，不是統計學上的個人，而是社交模式下的超級個體，超級個體用價值連結，凝結成有信仰的部落，同理讓購買自然發生，從「個體喜好」變成為「群體狂歡」，這才是從個體出發的商業邏輯。

超級個體是共同興趣與愛好建立的社群，這是一個小圈子，不是一個大社會，承載的商業是碎片化的，甚至是粉塵化的，依然要面對擴容的問題。社群這個小圈子，對外封閉，對內開放，有自己的文化，有很強的凝聚與包容能力，可以聚合多種場景。場景能連結多種功能，多種功能可以集合成多元化產品，從而開創出包容性品牌，成功擴充時間、空間和市場累積總容量。

## 共享共建，品牌平臺化

作為超級個體，消費者角色已發生根本性變化，成為需求發起者、製造參與者、資訊傳播者、問題回饋者。網路環境下，顧客不再是接受者，而是品牌的擁有者、參與者和建設者，這就要求品牌從封閉走向開放，由控制走向共建，品牌由輸出轉變為平臺。

品牌平臺化，借用網路技術，把顧客吸納成一個共生共榮的整體，不僅讓顧客參與建言，還要讓他們參與建造和驗收。建言，即傾聽他們的內心的聲音，聽取他們的合理化建議，共同繪製個性化的需求圖譜；建造，即讓他們參與生產全流程，創造內容，建立標準，建立服務流程，創造價值體系；驗收，即讓他們做裁判，評估交易與交付各節點，讓他們來決定品牌的命運。這樣，顧客才能真正成為品牌的主人，成為企業的同路人。

## 建立關係建立忠誠

工業時代，品牌講的是交易，社會屬性要弱一些。網路時代，品牌講的是關係，這個關係不是一般的關係，而是社交，社交的本質是信任，信任的基礎是共同的價值觀，透過價值聚合，這是品牌的底層邏輯。

價值先行，運用網路消除空間的距離，把大家聚合在一起，共同的偏好形成共同的興趣，基於興趣愛好建立身分的認同，身分認同形成共同的風格和習慣，習慣凝結成一種圈層文化，品牌不再是交易，而是一種強社群關係。

## 第二節　從個體出發，品牌操作規則

一個人的經濟年代！

這是日本策略之父大前研一研究網路時代發現的新藍海。大前研一認為，21 世紀，年輕人想要一個人生活，中年人愛上一個人生活，老年人必須一個人生活，網路化連鎖效應形成了一個龐大的一個人經濟體。

大前研一先知先覺，在「一個人經濟」問題上他並不是一個人在戰鬥，至少還有歐美這樣強大的隊友。歐美推崇個體經濟，並指導企業在新時代實戰中踐行全新的模式 —— 新經濟的單位不是企業，而是個體。

新經濟從個體出發，因為個體影響力的強大，曾經的個體是沉默的大多數，基本被忽視。網路時代，人人是媒體，每個人都能發出自己的聲音，建立自己的影響力，市場話語權易位，個體從被動接受的奴隸變成「我的消費我做主」的主人。

個體崛起，自我覺醒，個人不是統計學中的數字符號，而是有血有肉、有豐富情感的鮮明獨立體，關注個體，其實是將「人性化」因素注入品牌，賦予產品「人性化」的品格，使其具有情感、個性、情趣和生命，讓產品搶眼更打動人心。

自我覺醒，注重產品功能，也追求體驗，只是體驗方式不同，工業時代的體驗注重功能和服務體驗，網路時代的體驗注重場景下的儀式感。場景下的體驗，從使用者的實際使用角度出發，將空間、時間、功能、情感等價值綜合呈現，帶儀式感、情緒化，兼具實用性和實效性，是一種綜合滿足。

顧客消費場景化，在同一個場景下時間是有限的，問題是多種多樣的，特別是在快經濟的當下，顧客希望一站式解決，時間不僅是場景的核心要求，也是品牌的核心價值，場景下的消費體驗，時間是重要的驅動力，聚合更多的功能，同一時間下解決更多的問題是基本邏輯。所以，場景打破了原有的品牌金字塔結構，以離散網狀連結的狀態重新呈現。

## 場景碎片，功能離散

場景化是從使用者的實際使用角度出發，將各種場景元素綜合起來的一種思考方式。空間是分割的，時間是碎片化的，場景本身是碎片化的，場景針對的特定社群或個體是獨立的，所以場景化本來就是離散的。場景獨立，使用者在不同空間會產生不同的需求。對於同樣的產品，功能與體驗也是不一樣的。即使是同樣的功能需求，表達的情感和情緒也不同。這對品牌就有全新的要求，必須採用多樣化的功能聚合與情感融合，才能滿足顧客多樣化的需求。

場景化其實是有時間邏輯的。新一代消費者本身處於忙碌狀態，在同一場景下希望能更多、更快、更好地解決問題。產品的場景化建構，其實就是將功能做加法，以場景聚合功能，讓更多功能集在一個產品上，提供一站式的解決方案，讓單一產品向生態產品、平臺產品轉型。場景化以時間重構商業體驗，具有四大特點：第一，功能不相關性。第二，功能多樣性。第三，功能複雜性。第四，功能平臺化。

## 情感多樣，精神分裂

消費場景化，本質是以人為中心，滿足不同場景下的功能體驗，本身帶有情感、情緒，是一種帶有儀式感的消費體驗。要激發出情感共鳴，唯有產品角色化，展現出人的身分與生活方式，帶給人精神上的滿足。

產品角色，產品成為人的對映，讓產品折射人的夢想。這引發一個前無古人的大麻煩：每個人都是不同的，角色呈多樣性。比如一個男人既是兒子，也是父親；既是上司，也是下屬；既是老公，也是朋友……角色相當豐富，不同角色背後會有不同的主張，這些角色時而分離，時而交叉重疊，時而統一，時而相互衝突，如何解決？如果產品與角色形象一一對應，顧客就會不勝其煩，一方面是花錢無數，雖然現在經濟充裕了，但大家並沒有任性到那個程度；另一方面，即使願意花那個錢，時間也不允許，在匆忙狀態下，時間是稀缺資源，大家都在花錢買時間，若把消費變成消耗時間的事業，誰都會和你說再見。

場景化的邏輯追求一站式解決方案，多快好省是基本哲學，擴充精神、時間、空間的累積總量是品牌的不二法則。曾經，我們的產品強調同一個品牌，同一個世界，同一個聲音；今天，品牌整合統一被打破，品牌精神多元化，甚至是分裂的，這讓很多專家看不懂，更接受不了。比如一個文青，風格是多變的，一會傳播正能量，一會聊人生哲學，一會又來個自嘲。更厲害的是便便餐廳，兩個極端的結合，呈現典型的品牌精神分裂。

## 市場離散，品牌小而美

從個體出發，把品牌建立在個人影響力之上，但個人的影響力有其半徑，涵蓋的規模有限。從個人影響到品牌實現，運用場景思維，針對特定的人群、特定的時空，而且相對獨立。場景本身就是離散的，是碎片化的，說得更直白一點，以前宏大的線性市場解體，成為離散的碎片，曾經贏家通吃的局面一去不復返，一個主力產品打天下的日子已經過去，小品牌主導市場，小品牌時代到來。

個體經濟是小品牌的天下，小品牌的「小」，說的是市場規模不大，其品牌的內涵很美。如何在小而美的競爭中勝出？這需要與「行銷無定術、山寨就是出路」說再見，與「大品牌、大市場、大思維」告別，眼睛從市場轉向人，以場景化帶給使用者儀式感，滿足使用者對時間、空間、體驗的多重需求。

打造小而美的品牌可遵循以下方法：透過需求、感受、期望，理解並全面呈現顧客場景化的需求；運用現代化的資料技術、新材料技術、彈性製造技術等一系列高新技術，轉大量生產為客製化彈性生產；產品人格化，以有形的物質形態去反映和承載無形的精神狀態，賦予產品鮮明的個性，靈動的情趣；用產品將消費者的日常生活方式表現出來，讓產品折射出消費者的希望與夢想，展現生活的美好！

# 第三節　連結，品牌底層邏輯

一個人的喜好，一群人的狂歡！

這是筆者這些年與粉絲打成一片，實踐粉絲經濟的體會與心得，也是在一個分散行業中成就一個有影響力網路平臺的祕訣。個人經濟，儘管有大前研一「點火」，麥肯錫「煽風」，卻只有筆者這樣的少數派在實踐，雨點相當小，多數人面對這個很糾結。

從個人出發，新經濟單位是個體，作為一套新的商業模式，其在市場的命運就是一句老話「知易行難」。儘管有大前研一這樣的超級大人物點火，還有一大堆強勢媒體煽風，行銷人卻不願意加柴（參與到個體經濟的行銷實踐中），個體經濟之火，點燃了好些年，還未成燎原之勢。

大家選擇做旁觀者，是規避風險的策略選擇，也是新事物必然的遭遇。新的商業模式流行，一定在少數人的摸索前行中誕生，專家總結提煉中完善，行業中出現明星企業，媒體把這點事大肆報導，最後引發跟風一片。

個體經濟，當下處於萌芽狀態，唯一的辦法就是摸著石頭過河。由於不知河水的深淺，無法確認自己下水是否會被淹死，面對不確定性，大家無奈做出共同的選擇 —— 等。

個體經濟，是使用者關係的重建，用價值連結成的部落，把個人喜好變成群體狂歡。連結是一門新學問，多數人只學會了工業時代的吼（打廣告）的技巧，習慣於音量決定勝負。如何運用網路與使用者建立連結，一無方向，二無方法。

連結是以人為中心的商業建構，從人出發，發現共享價值，用價值與主張去連結人形成社群；人連結場景，就凝聚功能形成產品平臺；產品連結內容，內容凝聚價值，價值昇華為文化，最終形成一個社交生態部落。

## 價值連結人，品牌即社群

從個體出發的商業模式，眼睛盯的不是市場而是人，拚的不是價格而是吸引力，吸引力從何而來？網路時代，社交成為主要傳播模式，人們更相信可靠的朋友和意見領袖的建議，即超級個體的信任背書是吸引力的源頭，也有人將其稱作社交貨幣。

超級個體影響力是建立在專業基礎之上的，專業生成內容，內容承載價值，價值是社交凝聚力和影響力的根本。說到影響力，我們一般會想到大明星，大明星的粉絲數量龐大，可以放大音量，不一定放大影響力，與顧客的價值不相配，聲音越大，噪音越大。

社交的基礎是人人平等，不是仰視或俯視，我們要聚合的超級個體不應該是大明星，而是普通人。網路時代，人類的生存方式是「博＋精」，任何一個人都在一個，甚至幾個細小的領域做精、做透，普通人不僅可以成為意見領袖，並且對相同的人群影響力更大，尋找超級個體的方法論其實是：從群眾來，到群眾中去。這樣才能建立廣泛的影響與連結。

網路時代，價值不是由組織單向輸出，而是一個發現之旅，發現核心粉絲是任何一個企業必須要做的功課，將核心聚合成多點，展示價值，利用核心粉絲作為代理發言人，以價值連結有相同理念的人，聚合成一個圈子，點與點連結，最後形成蜘蛛網式的結構，在圈子中以特定的語言，共同的行為，形成風格與文化，最後形成一個次文化的品牌社群。

## 人連結場景，聚合產品平臺

個體經濟也好，工業經濟也罷，沒有好的產品，什麼經濟都是爛經濟。只是，產品邏輯不一樣：工業時代，產品是以功能為核心，即使增加其社會屬性，也只是品牌單方面輸出的價值。網路時代，產品以場景聚合功能而形成「功能＋情緒＋儀式感」的綜合解決方案。

場景化，其實是以人為中心的，將複雜人類多樣化、多變化的需求解碼具體到一個特定的空間、時間，高效精準地將需求與功能形成對映，快速、動態地提供解決方案，讓顧客獲得生理與心理的多重滿足。

人連結場景，有空間和時間兩大顯性因素。網路時代，人的時間是碎片化的，場景也就是碎片化的，這對產品有新的要求：第一，以時間為中心，省時是產品的基本原則。第二，產品必須具有多重功能，同一時間能解決多種差異性問題。

人連結場景，不僅場景多，而且在不同場景下，人們對於相同的產品也需要不同的功能、形象和價值感，要求產品建構的儀式感、體驗感、情緒化都是不一樣的，這需要產品具有超強的聚合能力。

人連結場景，場景聚合功能形成產品，一句話引發行銷革命。以前，產品是一對多地進行服務，以點帶面，現在，要求產品一對一服務，點連點；以前，產品線形成金字塔結構，現在，產品是網狀結構；以前，產品講究少就是多，追求策略主力產品，現在，產品多，追求的是產品組合；以前，產品慢生存，追求長生，現在，產品講快，追究新鮮；以前，產品是企業自己的，邏輯是輸出，現在，產品是顧客的，邏輯是建立生態平臺。

## 產品連結內容，建立品牌生態

網路時代，消費場景化，消費集功能、儀式感、體驗、情緒於一體，四要素聚集而形成的產品，已不再是一個簡單的產品，是一種社會化的對話語言，是一種連線體系。

產品連結體系，讓產品從單純的物理層面功能更新成一個綜合體系，集認知、價值、關係於一體，產品不僅成為內容，更成為入口，成為價值的對映，有認同感，形成文化共鳴，品牌成為一個生態閉環。

**產品連結知識：**產品連結知識，成為內容體系，是產品最基本的連結能力，也是一切連結的基礎。以專業的名義，用社交的方式，在資訊過剩的環境中創立可識別的用於社交（便於轉發與按讚）的知識體系，並簡單快速地解決顧客的認知問題，為建立關係打下堅實基礎。

**產品連結體驗：**社交本來就是交流，其實就是他們的體會與心得。體會與心得要交流，就必須有話題，話題有兩個重要源頭，一是產品專業知識，二是產品體驗。產品連結體驗，要運用數位技術，由硬體（物理層面的產品）和軟體（應用程式）組合而成，讓產品走向開放，被賦予原來所不具備的資訊互動功能，提升產品參與感與體驗感，讓顧客自動按讚分享，自動擁有社交勢能。

**產品連結價值：**個體經濟時代，大家都很忙，喜歡簡短、快速，希望產品本身能製造資訊高點，接觸產品就能擁抱靈魂，用有形的物質形態去反映和承載無形的精神狀態，展現心靈深處的美。產品必須有一種連結能力，凝聚精神價值，把顧客的夢想折射到產品上，形成文化與情感的共鳴，從而俘獲顧客的心。

連結從人開始，到人結束，人鏈合一，成為品牌生態圈。

## 第四節　共享，品牌即平臺

**品牌之路，共享起步！**

我們一直認為，品牌不應該一個人在戰鬥，而是打一場群眾戰爭，共贏未來。群眾戰爭就是讓消費者參與品牌建設，參與不是簡單的轉發與按讚，而是讓使用者做品牌的主人，自己為自己創造，展現情感與價值。品牌必須透明化、公開化，從封閉走向開放，即品牌平臺化。

共享其實是品牌再造工程，首因是消費者角色發生變化。21 世紀，自我覺醒，消費者崛起，他們有自己獨立的判斷和主張，聽從內心的呼聲尋找適合自己的東西。翻譯成行銷人聽得懂的話：消費者忠於自我，而不是忠於品牌！品牌不再是價值創造和輸出，而是協助消費者發現和幫助他們實現。消費者真正成為品牌的主人，一切必須消費者說了算！

品牌從輸出走向合作，也是市場話語權易位的無奈。進入網路下半場，社交模式獨領風騷。社交模式的連結力強，影響力大，成為資訊消費主要模式，社交建立在平等、自由、自願的基礎之上。此時，品牌不僅要放開話語權，還必須放棄控制者的身分，以夥伴身分交流。

品牌從封閉走向開放，是不可逆的趨勢，是網路推動大規模協同的結果。數位技術快速發展，雲端運算、大數據、人工智慧、智慧型終端都成為新的基礎設施，數位技術的特點就是快速滲透和融合。互動方式發生了根本性變化，催生出一個新結構 —— 開放、無邊界、合作共享的新商業模式。未來，企業競爭不只是比速度、比技術，更是一個平臺與另一個平臺比規則和吸引力。任何一個企業和產品都是一個平臺。

共享，品牌平臺化，就是消費者從奴隸到主人的過程，品牌不再是控制和輸出，目標也不再是全心全意為民服務，而是建立一個開放互信、互愛、互益的平臺。使用者全面參與品牌建設，從建言到建造，從標準到驗收，從概念到體驗，一切聽從顧客的，這樣才讓顧客發現自己的幸福 —— 產品美心，文化暖心，關係舒心，讓品牌在顧客心中生根。

## 開放組織，建立顧客共同體

工業時代，品牌是輸出，組織是封閉的。資訊時代，品牌是連結，連結的方式是社交，社交講究平等交流與溝通，必須放棄一切盡在掌握的品牌塑造法，以社交連結品牌，組織必須從封閉走向開放，企業變成一個建立顧客公共體的平臺。

企業必須與時俱進，先改變觀念，放棄一元化思維，放下強者心態，降低身段，不要試圖去控制消費者，而是聚合消費者，把大家聚合在一起，成為協會 —— 幫助大家實現夢想，成為協調者 —— 價值協調，共建社群，開啟共治、共建模式。

組織開放，從顧客關係做起，品牌不再高高在上，也不再拒人於千里之外，而是先走出去，走進顧客的生活，感受他們的真實生活狀態和日常生活的需求，再把顧客請進來，顧客不再是局外人，而是作為企業的一部分，成為與組織共生的器官，將顧客真正融入品牌建設中來。

品牌平臺化，企業從控制者變成協調者，從概念到體驗，從特色到角色，從對話到文化 —— 營運開放透明，讓使用者全面參與品牌建設，把品牌建成一個開放、互信、互愛、互益的平臺。唯有這樣，大家才能擰成一股繩，心往一處想，勁往一處使，共同創造美好的未來。

## 發現價值，共建社群

品牌不僅是功能滿足，還帶著消費者的自我認知和表達，社會性與人文價值是不可分割的（定位不同，有強弱之分）。以前，我們運用的方式是區隔化的符號——告訴顧客我是誰。這是一種單方向的輸出，顧客被動接受，效果不理想。社群時代，品牌是建立在個體影響力之上的，品牌價值源頭在顧客那裡。品牌的使命不是輸出價值，而是發現價值，維護價值，擴大價值的影響。發現價值——尋找超級個體，從個體發出的聲音和內容中找共同價值觀；維護價值——把分散在內容中的價值更新，並固化成社群文化體系，用群體自己的語言來建立系統與風格；擴大價值影響——以價值連結內容，用內容去吸引「志同道合」的使用者，形成社群，建構有信仰的社群體系。

價值觀是一種理念，必須分解成可以體驗的東西：社群時代，人們希望企業少點商業味，多點人情味，不希望你老打他錢包的主意，而是希望做他的玩伴，社群時代的品牌價值是在商不言商，最佳表現為有料、有趣、有用的內容，給予顧客親人一樣的關懷！

## 共創產品，重塑關係

行銷的根本是用產品解決使用者的問題，產品這個基礎決定品牌這個上層建築。一方面，任何行銷都強調產品的重要性，只是過去，產品是一個單邊主義，儘管有市場調查，想把顧客的夢想等社會屬性植入產品之中，然而奉行一言堂，商家說了算，顧客不喜歡。另一方面，顧客心，海底針，變化莫測，很難掌握。儘管企業想「俘心」，想創造一個讓人尖叫的「大殺器」，但創造殺器級產品卻與中樂透差不多，是個運氣和機率事件。

資訊時代，不是創造產品，而是共創產品向顧客開放創意、設計、製造等環節，和他們深度溝通，透過各種話題不斷激發其參與討論，不僅廣泛聽取他們的意見，讓他們建言，也讓他們參與建造，讓他們提出標準，還讓他們來驗收。

共創不是在工廠裡勞動和生產，而是場景化，即以人為中心，將多樣化需求解碼到一個特定的空間，高效精準地將需求與功能形成對映，快速、動態地提供解決方案，這樣才能創造出讓人尖叫的「大殺器」。

共創產品，是決勝開端的品牌新思想。唯有從起點就讓使用者與產品融為一體，產品才能承擔起顧客的自我對映這項重任，產品與顧客夢想合而為一。功能價值、情感價值、體驗價值與生俱來，與顧客共生長，這才是共創最大的魔力。

## 案例：隱形冠軍的共享品牌實驗

「共享」是網路時代誕生的新概念，這個紅得發燙的概念，人們一般把它掛在網路企業的鉤子上。然而，農藥這個與現代資訊業有一定距離的傳統行業也貢獻了一個共享品牌的指標案例。

農藥是一個參與度與關注度都很低的行業。作為普羅大眾，除了農殘超標之類的消息引起公憤以外，通常不願多瞄一眼這個行業。農藥的核心端有兩個，即生產與消費。無論是生產端、工廠，還是消費端、農村，均與現代資訊隔著一定的距離，因此這個行業相對傳統。一個傳統行業能擁抱最先進的行銷理念，而且玩出了名堂，這無疑為處於「網路＋」策略轉型中尋找方向感的企業指明了方向，值得大書特書。D 生物工程有限公司就是這個行業中值得一提的標竿。

D 公司專注於茶葉植物保護很多年，一直領跑，現在還看不到超越者。D 公司領跑的時間很長而且姿勢很優雅 —— 三高三低！三高：第一高，市場占有率高，茶葉農藥綜合占有率第一。第二高，絕對銷售額高，是當仁不讓的老大。第三高，平均每人產值高，D 公司的平均每人產值是產業平均水準的四倍以上。三低：第一低，D 公司行銷人員出差頻率低，平均出差一百天以下。第二低，呆壞帳低，全產業墊底。第三低，退換貨率低，甚至有零退換貨現象。

作為隱形冠軍，D 公司在農藥領域開創植物保護解決方案，引發產業革命，曾被廣泛模仿和學習。很多人學到了 D 公司的形，而未學會 D 公司的魂。D 公司的魂是什麼？一種先進的理念，自從老闆親自上陣領導企業開始，就提出一個目標，D 公司不是要賺點小錢花，而是用商業生態之法打造一個不一樣的品牌。作為企業的操盤手，老闆有一種包容式發展理念，他認為市場競爭從來就不是一個企業與另一個企業的競爭，更不是一個產品與另一個產品的競爭，而是一個平臺與另一個平臺的競爭。D 公司的平臺化思想是，以產品作為物質基礎，以品牌為核心，連結起通路、使用者，形成一個生態圈，在這個生態圈中，企業、合作夥伴是一家人，大家共生共榮，共同奮鬥，從此踏上領先之路，成為產業的冠軍很多年。

D 公司一體化經營模式不是一個概念，而是一套實際執行體系，基礎就是產品。農藥行業，對產品要求更嚴苛精細。沒有一點情懷和敬畏心，是不能在這個產業發展的。農業是放心產業，更是良心產業，有兩個金指標，一是安全，二是有效，安全和有效必須統一。統一之法一般源於技術，農藥企業做研發一般都在實驗中進行。D 公司的做法不一樣，在研發中植入大數據來尋找完美的解決方案。D 公司的大數據思維與現在流行的花錢買使用者資料不一樣，而是自己掌控核心資料。D 公司透過實驗田來尋找真實的一手資料，D 公司做農藥，先做實驗田，這個實驗田不是小打小鬧，而是數千畝規模，基本上也就是農業真實生產環境的再現。因此，可以直接掌握產業最大的第一手資料，諸如藥的半衰期，三天降的機率多少，五天降的機率多少，十天降的機率是多少。在一手資料指導下做出來的產品，能避免從實驗室到大面積使用過程中有效性大幅下降的情況。這讓 D 公司在有效性與安全性上完美統一，這麼多年在保證效果的前提下從未出現過農殘超標事件。這支撐起 D 公司「農藥賣安全」這一全新的經營理念，也是多年領跑的強大動力。

D 公司的產品力強大，大數據體系只是支撐點，更強大的驅動來自產品平臺。一般農藥都是輸出主義，而 D 公司認為產品是一個平臺，口碑是一個生態。D 公司認為產品的使用者才是真正的專家，必須讓他們參與產品開發，為使用者尋找個性化的解決方案，才是打造產品的王道。

D 公司做研發，「實驗室＋大數據」只能算是走完一半。另一半是在田間地頭完成的。研究人員必須走進鄉村，與茶農同吃、同住、同勞動，聽取他們的建議，搞清楚茶樹的種植方式，弄清楚茶園管理的細節問題（如產區特點、茶樹品種、用藥習慣、價格敏感度等），然後將田間地頭的真實細節集合成一套小數據，將其作為個性化產品開發的指南針。大數據與小數據組合，開發出的產品具備多樣性和個性化的特徵。茶農可以先根據自己的情況試用，然後決定量產哪支產品。此時，D 公司的產品不再是簡單輸出，而是承載茶農自己想法的個性化訂製產品，能實現茶農綜合價值最大化，自然就口碑爆表，在競爭中勝出也就理所當然了！

D 公司共享品牌實驗，提供「一站式茶葉植物保護解決方案」。與一般企業的做法不一樣，D 公司的解決方案是減少服務，用最簡單的辦法和最少的時間把病蟲害解決掉，這是產品人性化最好的表達，讓 D 公司品牌具有強大的聚合力，公司和使用者黏在一起，成為有機共生體！

這就是 D 公司成為隱形冠軍的祕密。

# 第五節　快，品牌的時間邏輯

天下品牌，唯快不破。

以前我們主張：做品牌，策略上慢不得，戰術上急不得，策略上長期規劃，戰術上活在當下，練好內功再追求速度。網路時代，快經濟，「速度」統治市場。網路時代做品牌必須雙快——策略與戰術都加速前進，開啟閃電戰才能擠上「網路＋」這班高鐵。

網路時代，資訊革命展現在以下幾方面：知識分布方式變化——去中心化；知識連結方式不同——社交化；認知方式改變——區域性先於整體出現；知識結構重組——金字塔式結構重組成網狀結構。知識被重構，舊貌換新顏，這是新理論誕生的溫床。技術發展也是日新月異，如「摩爾定律」成為網路技術發展代名詞，新理念、新技術是變革性的力量，推動產業加速發展。

網路時代，個體審美流行。個體審美建立在流行文化基礎之上，流行文化展現的是消費主義，個性化，時尚化。流行文化一直處於快速變化狀態，你方未唱罷，我方就要登場，以流行文化作為基因的產品，生產週期越來越短，產品更替速度越來越快。由於流行文化太強大，即使是經典產品，表現形式也必須融入流行元素，如可口可樂，可樂是舊的，表達是新的，這是另外一個生命週期。

市場的原點是產品，好產品是開啟顧客心門的金鑰匙。不管什麼經濟，做不出好產品都是爛經濟。以前，我們做產品講究慢工出細活，細細雕琢一個新玩意，讓人尖叫。流行文化來得易去得快，等你慢慢做出來，整桌菜都涼了，更糟糕的是流行文化的特點是突然引爆，誰也不知道哪一塊雲彩會下雨。只有不斷試錯，小步快跑，在行動中找方向，才能獨立潮頭到達彼岸。

工業化時代，品牌打造之法是以自我為中心，自建體系，唯我獨尊。體系建立、流程磨合都是耗時耗力的，因此，必須先慢後快。

網路快經濟，品牌唯快不破。網路連結與聚合，實現群眾外包與大眾創業，從創意到產品的量產，達成速度快；網路讓品牌平臺化，消費者成為品牌主人，品牌精神就是消費生活態度的表達，達成共識快；網路整合供應鏈，從生產到通路全鏈打通，達成交付快。三個快是網路時代的核心策略，也是時間重構品牌的三塊基石。

快策略，不是只求速度，更不是走捷徑、抄近道以巧取勝。快策略是網路全面滲透傳統行業，以時間為價值進行品牌再造。時間構成商業鏈條，是一個三快系統：一是策略敏感，快速發現商機。二是平臺聚合，創造極速體驗。三是品牌數位化，讓交付快速。從創意到使用，簡簡單單，快速高效。

## 策略敏感，從個體中發現商機

快品牌本質是保鮮，做引領者而不是跟隨者，必須有前瞻性，比對手看得更遠，更清楚，洞見未來是打造快品牌的基礎。特別是在這個「唯一不變的就是變」的年代，對變化要高度關注，保持策略敏感。

保持策略敏感，其實不難，基本方法只有三個。第一個，勇於自宮。也就是自我否定，昨日的成功就是明日發展的絆腳石，使自己保持危機感，這樣才能擁抱變化。第二個，關注小數據而不是大數據。大數據是從過去推測未來，代表的是過去式。引發變化的是小數據，從小處著眼，把一個問題解決掉，通常能發揮四兩撥千斤的效果（世上更多的是微創而不是顛覆）。第三個，不斷試錯。面對不確定性，特別是網路新經濟下的創新，傳統行銷沒有教過我們如何做，現實中也找不到座標，只能邊做邊學，交學費是不可避免的，我們寧可交學費，也不要付出機會成本。

試錯不是亂交學費，是有技術價值的，試錯有兩個基本點：一個是低成本，另一個是快速反應。試錯有三大原則：第一，目標要小，目標越小，成本就越低。第二，目標要精確，目標鎖定精確，成功率就高。第三，靈活，反應快，反應越快，成果越大。

網路時代，有一個很好的辦法，鎖定個體，其具有層次少、資訊真、成本小、速度快等特點，是快品牌切入最理想的選擇。當然，鎖定個體不是盯著普通人，而是社交狀態下的意見領袖角色，用意見領袖的影響力連結粉絲，從點到面把個人喜歡變成群體狂歡。快品牌不是關注個體，而是關注多個超級個體，多點選發，最後形成燎原大火。

## 平臺化聚合，塑造速度體驗

快品牌，時間價值大，在顧客那裡的體驗是花錢買時間 —— 好用耐用，省時省力，顧客體驗到時間價值是快品牌生存之根，以前企業與消費者之間的資訊不對稱，使用者參與有限，品牌的本質是單向輸出，要搞懂產品是一件不容易的事，體驗美好就只能是存在於臆想之中了。

網路時代，品牌是顧客的，必須由顧客說了算，品牌必須從封閉走向開放，與顧客形成一體化生態系統，品牌不再是簡單地聽取客戶需求、解決客戶的問題，更重要的是讓他們做品牌主人，參與到品牌鏈的每一個環節。建言與建造，標準與驗收，一切都是顧客說了算。品牌以消費者的境界來建構，自然好用，而且沒有時空間隔，自然親近！

## 數位化品牌，建構快速交付

快品牌，對交付系統的速度也有很高的要求，顧客沒有耐心等候。快速交付包含連結快、影響快、交易快等內容。

**連結快：**就是產品數位化。首先，建立數位體系，將內容、場景、功能等以數位方式呈現，了解和體驗更便捷；其次，讓產品因連結而擁有社交功能，讓產品功能強大；最後，賦予傳統商品所不具備的資訊互動功能。

**影響快：**必須建立一套數位化推廣系統，表現方式必須多元，圖文、音訊、影片全上陣，讓產品資訊充滿網路，建構多維度的資訊空間，悄無聲息地影響顧客，讓他們動動手指就可輕鬆簡單地決策。

**交易快：**讓產品無處不在，觸手可得，必須建立數位化的通路，減少消費空間的距離，數位化的通路系統不僅指電商平臺，還可以利用數位技術，對傳統通路進行社交化、數位化改造，讓產品無處不在、無縫涵蓋，還可以線上線下自由切換。同時，還要建立一套基於顧客良好體驗的快速服務系統，便捷支付系統，隨時完成交易。

# 第六節　社交，建立共同情感品牌

**品牌新勢能，同理共振！**

社交是人類永遠的需求。網路時代，人與人透過社交連結成群體，成為生活的基本要素。品牌中融入社交要素，不僅能與使用者建立廣泛的連結，還能與使用者同理共振，讓品牌與銷量齊飛。

品牌社交化，在 21 世紀已無退路，別無選擇。社交涵蓋面廣，幾乎無處不在，更重要的是它的影響力太強大，小到日常生活用品如一瓶小酒、一件衣服，大到決定國家走向的總統選舉，社交資訊成為決策的重要依據，甚至是決定結果的勝負手。透過社交圈子賦能品牌，是當下每家企業的必修課。

社交之所以備受吹捧，是因為同理能力強大。社交是個體的連結，從生活中來，到生活中去，是本真生活的表達，更能形成代入感，形成同理能力，引發心靈共振，形成強大擴散力和黏性。

社交讓人喜歡，因為表達方便。社交是一個小圈子，而不是一個大社會，環境寬鬆，語言自由。

社交是這兩年的事，社交用於行銷也並無定術，還處於摸著石頭過河階段。社交化行銷雷聲很大，雨點只有兩滴：第一滴，拿 A 商品說事；第二滴，學習 A 商品好榜樣。這些年我們一直告誡行銷人「似 A 商品生，學 A 商品死」。A 商品不是酒，而是一個玩伴，你可以一個人與之傾訴，也可以一群人與之同聊，它是情感的紐帶，精神的象徵。專家沒有告訴你

（也有可能是沒搞懂），酒和茶都是文化符號，社交屬性與生俱來。釣兩尾閒魚，溫一杯土酒，泡一壺清茶，約幾個老友，擺半天龍門陣，那是生活中的田園牧歌！你怎麼也不可能約幾個朋友喝一瓶礦泉水再品味人生，你真要這麼做，要麼被大家認為是比葛朗台（Grandet）還小氣的守財奴，要麼被扭送去精神病院。A 商品是指標，可以給你啟迪，卻不應該照搬，而且你也學不會。

品牌社交化不是在社交圈刷存在感，而是把品牌建立在使用者生活方式的基礎之上。將產品植入生活，潤物細無聲地與使用者建立關聯，與使用者形成情感共振。其實是社交對品牌賦能的系統工程，不僅僅是與消費者連結，還要與消費者融為一體，共榮共生。

## 數位化重構，社交的基礎

社群時代來臨，品牌都在社交這個順風車，共同行動是發力社交平臺帳號，揮汗如雨創造內容。社群時代，內容很重要，我們也一直主張企業需要一個知識長，內容有連結能力，但招牌內容不一定有變現能力。變現的基礎在於內容的相關性，即產品對內容的附著力。

品牌社交化，變現本質沒變，只是把商業變得優雅。變現需要好產品，網路時代的產品卻非工業時代的產品，工業時代產品的核心是功能打造。當然，任何時代，脫離了功能的產品都是爛產品。在網路時代，僅有功能的產品還只是半成品，必須「產品＋數位」，物理層面的產品需要嫁接內容、場景、圈層、體驗，形成數位系統。數位系統的呈現方式是多維立體化的，讓產品因連結而擁有社交功能，形成一個封閉的圈層。

數位功能重構，產品內容不是創造、輸出內容，而是表達消費者的真實

狀態（真情、真體驗、真情緒），是消費者的自我表達，內容成為消費者生活的一部分，舉手投足中都是創作，這樣品牌才能裝上社交翅膀自由飛翔。

## 價值，社交的靈魂

社交是一張好牌，可是我們很多時候把它打爛了。多數人湧入社交這個賽場，是因為資訊爆炸，吆喝式售賣無法引起顧客的興趣。這時，專家給出的解決方案是：借力社交，透過話題轉發和按讚，玩轉品牌。

這一切聽起來很美，如果你真認為這麼做就能讓消費者樂呵呵買單，那是做白日夢，結果一定輸得很慘，這是不懂社交，也不懂消費者的亂作為。新消費的本質是什麼？是個體崛起，自我覺醒，為自己消費，為自己的感受買單，也就是功能與精神的完美統一。這裡特別強調，一些產品更強調物理層面的基本屬性，不是情感牌無用，而是情感的簡單化表達，返璞歸真，簡單生活。產品與消費場景融合，內容人格化輸出，才是產品的新玩法，這是社交的基礎邏輯，二者自然結合，也就有了品牌社交化。

品牌社交化，建關係重要，找品牌在社交中的價值更重要。社交的祕密其實是兩個字：信任。信任是建立在共同的價值觀之上的，所以，我們才一直強調價值是社交的底層，也是品牌的底層。社交價值是表象價值和支撐價值的複合體。表象價值，就是商品功能帶來的儀式感，底層價值就是在商不言商，傳遞善的價值觀，追求知行合一之真，彰顯信仰之美，只有這樣的普世價值，才能讓關係健康長久。普世價值很多時候並不表現複雜的情感，而是一種簡潔、簡單、質樸的理念，做CP值高的好產品，表達追求簡單生活的理念，自然擁有社交能量，即使他們在社交上不發力，使用者也會自發刷爆社交圈。

## 場景話題，激發社交活力

品牌社交化，其實是將品牌植入使用者的日常生活，在流行文化主導商業的今天，使用者無論對什麼話題都不會關注太久，也不會停留太長時間，話題來得易去得也快，必須有持續話題、焦點，才能形成記憶點，否則就有被使用者刪除的危險。即使底層的普世價值，也要有鮮活的表現方式，這也是很多人不理解一些品牌有強大的內容製作部門的原因。

話題不是文字藝術，而是一個技術工作。筆者在《免費行銷》一書中就開出借、鬧、繞、咬的話題藥方，只不過網路時代各階段用法不一樣，網路 1.0 時代，我們想製造病毒，網路 2.0 時代，我們講究黏性。

社交話題最常犯的錯誤就是認為社交就要廣而告之，用一個話題就想引發全民狂歡，還有人希望把小眾發酵為大眾，這是傳統的公關手法。社交是什麼，是一個次文化的群落，是一群人的共同情感，社交不需要大眾，更不需要大眾來關注，社交不是讓所有人知道，而是讓一群人熱愛。

社交話題的另一個失誤是創造話題。社交是對等的交流，是朋友之間的聊天，不是說教，更不是控制。創造社交話題其實和「讓不繳水電費的人參加水電費聽證會」一樣荒唐。社交話題不是閉門造車，而是一場發現之旅，發現共同的話題。

社交話題再一個失誤是用話題去填滿使用者的生活，以為這就是參與感，其實這就是騷擾。社交話題是發現顧客的興趣愛好，否則就是話不投機，沒人會和你聊。社交話題必須場景化，將產品在生活中的使用體驗、情感、故事，用顧客自己的語言表達出來，讓消費者產生情感共鳴，大家才有參與的意願與熱情，品牌在大家談論和交流中，自然帶進生活。

# 第七節　族群，打造共識品牌

品牌肚子大，生堆孩子打群架。

這句話是筆者的名言，也是筆者的行動指南。當然，這不是誤導大家當小白鼠去做實驗，而是讓大家走一條成功之路，因為這已是網路品牌的新生態，既有可以參照的指標案例，也有指導行動的理論。

## 族群化，已是品牌新常態

品牌族群化早已拉開大幕，這個舞臺上群星閃耀，歐舒丹家族是天然植物護膚的香氛護理品牌，但還可以去它家喝咖啡，吃甜點，而我們頂禮膜拜的奢侈品，錶、筆、珠寶、服裝、提包對它來說也只是標準配備，有的還要進入飯店、房地產，甚至汽車領域；最誇張的是維珍，只有你想不到的，沒有它不敢進入的領域，幾乎要對人類生活進行無縫涵蓋。

行銷上有個基本法則，為個案鼓掌，向規律看齊。個案很精彩，只有欣賞價值，沒有借鑑學習價值。群體行動才是規律，才有普世價值，才值得推廣！族群品牌已大行其道，我們必須搞清楚新的環境下為什麼品牌必須族群化生存。

## 場景化連結，品牌包容性成長

網路時代，消費場景化，就是以人為中心，將複雜化人性和多樣化需求解碼具體到一個特定的空間、時間，高效精準地將需求與功能形成對映，快速、動態地提供帶儀式感、情緒感、體驗感的解決方案。

場景聚合形成的產品基礎仍然是功能，功能組合方法是全新的。過去，主張把一點做到極致，功能相對單一，是線性分布的。場景化的功能是以需求為導向，追求用最少的時間解決更多的問題，功能是聚合的，結構是網路狀態的，其特點是多、混、快。多，即功能多，產品萬能化。混，即功能複雜，跨界是常態。快，即產品省時省力。多、混、快與場景動態相組合，注重結果，導致產品多元化，走多元化之路。

## 價值連結共識，族群品牌自然生存

工業時代，品牌要的是交易，核心是拿起高音喇叭吼，讓更多的人知道產品有多重要，話說千次形成記憶，最後影響購買決定，品牌必須是線性的，少即是多。網路時代，品牌是關係，運用社交進行連結，連結的基礎是價值，價值是將個體在各種社交平臺上輸出的內容進行聚合，是一種共同生活方式和文化信仰。價值具有強大的連結能力，文化呈現方式多樣化，其產生了一種普遍的現象——品牌已說不清楚自己主要賣什麼東西。

價值連結形成全新的關係，不是我們熟知的品牌忠誠，而是有信仰的社群。社群是以價值為基礎的小圈子，有黏性，對內開放，對外封閉。顧客留在這個圈子裡，價值觀對映到生活場景，涵蓋顧客多元化的需求。一站式解決方案，融合多種場景，凝結多種需求，承載多元理念，包容式發展強勢登場，不管願不願意，都必須面對品牌多元這個結果，品牌族群自然形成。

## 三項基本原則，走上共識品牌之路

品牌族群，以前大家做過類似的事，有兩種做法：一是品牌延伸，將品牌從一個品類延伸到多個品類，透過品牌組合達到目標顧客涵蓋最大化。二是品牌多元化，針對不同的細分市場使用不同的品牌，從而占有較多的細分市場。這兩個策略都是為了擴容，而非打造族群品牌。族群品牌遵循網路時代的共識經濟法則，只需以下三點就可以做到共識品牌：社交建圈子，品牌玩深度；產品玩鏈條，連線生態圈；精神歸平民，平價鑄典範。

## 社交建圈子，品牌玩深度

族群品牌就是達成共識，是社交思維的產物，也是品牌社交化的結果。社交因為連結形成社群，社群的底層邏輯是價值，表現形式是共同的興趣與愛好，這本來就是一個篩子，會把很多人過濾掉，價值社群透過連結而形成。依據六度空間理論，我們可以找到也可以連結任何人，社群的連結是建立在個體影響力之上的，個體的影響力放在社交環境中會大打折扣，能形成共同情感連結的更微乎其微，社交形成的關係只能是小圈子，不可能是大社會。

族群品牌還是那個品牌，使命卻完全不一樣，必須精確制導，鎖定自己的圈子，目標不是讓大社會知道，而是讓小圈子喜歡，品牌追求的不是涵蓋的廣度，而是接觸的深度，更直白地說，品牌不再是賣給一萬個人一件東西，而是賣給一個人一萬件東西，橫向涵蓋窄，縱向涵蓋深，這就是品牌族群的玩法。

## 產品玩鏈條，連線生態圈

族群品牌很容易誤導大家，讓人看不清企業主要賣什麼東西。於是，品牌就是一個筐，什麼東西都往裡面裝，結果品牌族群就變成大雜燴。其實，品牌族群瞄準的是使用者群體，從人性（使用者群體的生活方式）出發，以價值共識來玩轉大品類法，先從一個凝聚力強大的核心品類出發，圍繞凝聚力強大的產品縱向延伸同一品類，產生協同效應，然後再橫向延伸，讓相關產業產生協同效應，打通全產業鏈，多點連結成為生態圈。

核心產品連結生態圈，將凝聚力強大的核心產品放於場景下，與使用者互動產生體驗，這個體驗是帶有情緒化、儀式感和價值感的，這樣，產品就成了社會對話語言，成為內容與入口，產生了連結能力，獲取的是使用者個性化的小數據，這樣就會發現場景下使用者更多的相關需求。要不斷完善使用者需求圖譜，形成族群生態。

一個以茶為主題的網站就是場景化需求圖譜建立的典型案例。從茶這個有文化符號的產品出發，逐漸連結到茶器、茶的周邊，凝結成茶生活、茶文化，昇華成東方生活美學，從而品牌生態與族群水到渠成。

## 精神歸平民，平價鑄典範

品牌族群，追求小社群，注重精神與情感，很容易走入一個失誤，那就是價格脫敏。價格脫敏是「磚」家鼓吹的，實踐中根本不可能價格脫敏，而是均衡，即在情感、功能、價格、時間這幾點中找平衡，這才是消費的真諦。

價值均衡是個體崛起的產物，讓普通人的生活更美好。產品精神支撐點建立在平民主義而不是菁英世界觀上，這才是網路時代品牌的使命。平民生活與精神和諧統一，已成為時代風向標。生活態度品牌與平價結合早就有經典案例，「無印良品」拿掉了商標，省去了不必要的設計，去除了煩瑣的加工和顏色，注重純樸、簡潔、環保、以人為本，以平實的價格還原了商品價值的真實意義，成為受消費者追捧的典範，這是共識經濟的代表。

## 第八節　社群，品牌即部落

品牌即社群！

社群行銷早已是現象級的話題，諸如「社群是品牌的播種機」、「社群是品牌的宣傳機」、「社群是品牌的加速器」等觀點說的都是這個意思。

做好社群行銷，大家都有這個夢想。這夢想不是小目標，而是大策略，即品牌與銷售齊飛，用口碑打造鑽石品牌。但很多行銷人做社群，都是拉個社交平臺群組，發兩個優惠折扣，編幾個段子，人是聚起來了，效果幾乎為零。理想與現實的鴻溝，夢想與現實之間的距離，就是社群玩法技巧上的差異。有點專業水準的社群玩法是媒體化思維包裹上社群的外衣，這與社群相去十萬八千里。

社群是社交化的結果，以自願連結，因共同興趣愛好聚合，凝聚共同信仰，追求自我實現，有自我進化與生產能力，這是一個現代部落。他們希望圍繞自己日常生活建立起一個消費的小世界，品牌與社交形態下的社群自然結合，就有了品牌社群。

品牌社群，理解起來簡單，實踐起來卻很難，要藉社群起飛，更是難於上青天。原因大抵有三個：第一，這是一場贏得未來的戰爭，賽道擁擠不堪。第二，品牌社群是長跑，在快經濟下參與長跑，必須用短跑的速度。第三，品牌社群是新生事物，很多人有方向感，但缺少方法。

## 自驅動，品牌社群原動力

品牌社群是品牌的必修課，大家建立社群都很忙，一個「忙」字，其實說明我們在做這個偉大的事業時熱情有餘而冷靜不足。更嚴重的是「建立」二字，說明我們把社群這本經給念歪了。上文說過，品牌社群聚的是一個精神共同體，即一群人自發自願地連結成社群。自願自發，就是自驅力，一個品牌社群是自驅力形成的自組織，自驅力是品牌的原動力。自驅力從哪裡來？

**價值共識，自驅力之源**。社群連結的原動力是價值，這個價值不是用來輸出的，不是強加的，而是一個發現之旅。社群從超級個體出發，以超級個體（即意見領袖，英文為 Key Opinion Leader，簡寫為 KOL）去連結人，KOL 透過社會化媒體用內容表達人生觀、價值觀，這個表達不是輸出，而是與大家的生活狀態形成一一對應與對映，讓大家發現自己的人生觀與價值觀，幫助大家發現沉睡或沉默中的自己，這樣激發個體，形成價值共振，大家自然就彙集在一起了。價值共識是社群的根本，也是品牌社群驅動力的源頭活水。

**參與感，自驅力放大器**。社群是人與人的連結，建立在一對一基礎之上，結成的是網狀連結。網狀連結遵守「四項基本原則」：(1) 自願，來者自由，去者自願，無強迫，無壓力。(2) 真誠，投入真情實感，激發內心共鳴。(3) 平等，成員之間親近，身分認同，精神上互相理解，行動上互相尊重。(4) 互動，成員相互學習、相互啟發、相互影響。四大合力讓社群不僅有溫度，還能激勵大家主動參與，讓社群不斷擴容，強大而穩定。

## 儀式感，品牌社群之魂

品牌社群是一個小圈子，小圈子也好，大社會也罷，在網路時代，都會面臨一個相同的問題 —— 審美疲勞！即使社群是以價值連結的，建構的是精神共同體，但年復一年，日復一日，單調重複，再強大的精神力量也會被侵蝕掉，變得毫無熱情，社群會死水一潭，失去吸引力。社群如何才能走出困境？答曰：儀式感！

儀式感要有意義，有情感注入。生活中儀式感無處不在，社群中儀式感也必不可少。儀式感不僅不可少，而且十分重要。第一，儀式感意味著規則。儀式感不僅是一種形式，而且是一種文化認同。儀式感成就社群規則，讓社群營運健康有序。第二，儀式感代表著門檻。品牌社群來者自由，去者自願，去很容易，來卻並不簡單，儀式感就是門檻和入場券，順便還圈定社群的邊界。第三，儀式感引導活力。儀式感是社群的調味品，為社群植入詩意，把普通的社群變得不一樣，儀式感讓社群成員的生活每天都生動、有趣、鮮活，在平凡中找到前進的動力與勇氣。

社群的儀式感從哪裡來？第一，從規矩之中來。社群是人與人的連結，社群連結雖然自願與自發，卻不是亂連結，連結基於價值共識，會形成約定俗成的風格和行動特點，一對一連結形成的網路又會有無數個節點，無數節點與規矩對應，在一系列標準下共同動作，展現了某種意義，讓人肅然起敬，這時規矩就昇華為一種儀式。第二，從場景中來。將場景下的消費生活體驗用一個獨特的動作、程序賦予消費者功能以外的體驗，獲得超脫於產品之外的滿足感。將動作、流程固化為習慣，就會產生一種獨特的「儀式感」。如某種餅乾要求消費者「轉一轉，舔一舔，泡一泡」，它延長了消費過程的快感，成為一種儀式感，極大地增強了品牌社群的魅力。

## 小數據，讓品牌社群擁有高黏性

社群行銷發展可謂一日千里，跑得快，做得猛，收穫卻很慘淡，原因是缺乏資料思維。

品牌社群，不是要你做公益事業。品牌社群是商業化的，賣貨賺錢是目的。網路時代的商業必須場景化、人性化，並且用多元化的產品和服務，給人們美好的體驗，唯有如此，使用者才會不離不棄。如果不能為使用者提供完美的解決方案，即使有價值這個基礎，也有儀式感這個靈魂，若沒有黏性，大家還是要離你而去的。

產品與服務從哪裡來？從資料之中之來。品牌社群，以價值連結人，人連結場景，將多樣化需求解碼具體到一個特定的空間、時間，高效精準地將需求與功能形成一一對映，本身就是一個資料收集系統。

社群資料思維不是大數據思維，而是小數據思維。社群規模有限，資料體量不大，更重要的是社群資料與大數據的出發點不同，社群關注的是個性化資料，特別是特定時間與空間下的場景化資料，目的是發現場景下使用者的痛點，集合形成需求圖譜，為大家提供一站式的解決方案。

## 共生長，品牌社群的未來

品牌社群是新生事物，只有一個模糊的方向感，並無必勝的方法論，大家都在邊做邊學，處於摸著石頭過河階段。網路時代，一切都在跑步前進，品牌社群贏在當下的問題還沒解決，又面對一個新麻煩，即如何引領未來。

品牌社群是一個自發組織，一旦對其進行控制，就會變成單向輸出，使用者不會買單；如果任其自由發展，又會亂成一鍋粥，可謂剪不斷理還亂。誰能解決這對矛盾，誰就能贏在當下、引領未來。我們給出的解決之法是規矩。自發組織的規矩不是控制管理的老規矩，而是符合價值的風格行動和習慣，這個規矩由相互認同、相互理解、相互影響、相互啟示的行為固化而成。這個規矩可以吸引成員參與，也約束大家的行為，成為社群成長的基石。

品牌社群以價值連結而成，價值被解碼成文化，文化引導行動，行動讓社群開花結果。價值是永恆不變的，文化卻不是一成不變的，特別是文化表現形式更需要與時俱進。社群以歸屬感激發參與感，用影響力啟動創造力，鼓勵成員價值解碼、解讀與重構，重新賦予價值新的表達形式。讓價值觀舊貌換上新顏，讓個體煥然一新，社群就會基業長青。

品牌社群從個體出發，連結個體而成，個體缺乏激勵機制，容易喪失熱情與前進的動力。在一對一的網狀關係中，個體前進的動力與薪酬獎勵無關，而是來自社交信任的自助激勵。自助激勵由影響力觸發，社群中的影響力是相互的，自己受影響的同時也會影響其他成員和整個社群，從而產生強大的連結能力。信任是社交回報，激勵大家將精力投入品牌社群之中，同時激發大家學習與提升，獲得更多的連結和觸點，累積更多的社交貨幣（信任）。自助激勵是推動個體成長的動力，也是社群前進的加油站，能讓社群保持鮮活，一路向前，創造未來。

# 第六章
# 連結，建構無邊界通路

網路時代，購買行為節點化，非連續性分布在不同的時間和空間。企業必須打破時間、空間的阻隔，全天候線上，隨時隨地滿足顧客「任性購」。推動通路向「無邊界」方向發展。

# 第一節　連結，全通路時代來臨

無處不在，觸手可及。

這是可口可樂做老大無數年的成功策略，也是通路的最高境界。不曾想到，十多年前讓人景仰的目標，在網路時代成為所有企業的標準配置。

## 口岸第一，工業時代的通路邏輯

工業時代的通路策略建立在商品主權上，講究通路為王，用吆喝（打廣告）將產品鋪上貨架，透過占領消費者最容易接觸的終端貨架那三尺空間搶占市場。此時，資訊不對稱，顧客只能被動接受通路的推薦。

工業時代，購買行為呈線性，購買動作連續連貫，體驗、下單、收貨等關鍵動作一般情況下在同一個通路完成，此時，通路相對單一封閉。通路的核心價值是空間價值，用行話來說就是口岸，也就是選址。口岸的涵蓋和輻射的半徑是其主要指標，更多地接觸並吸引目標消費族群是通路的核心任務。

## 便利，網路時代消費者新要求

工業時代與網路時代通路的邏輯本質不同，因為顧客發生了變化。文字表達一來繞、二來淺，事實才能給人明確的認知：清晨，你睜開眼睛點開社交平臺，一位可靠的朋友秀出一款岩茶讓你覺得格調滿滿。下午，做市場調查經過一家茶葉店，你忙中偷閒品鑑了一杯，順便在社交平臺得意忘形一番，獲得按讚一片。晚上，你想到中秋節快到了，月餅送得大家沒感覺了，今年要找個有文化價值的禮品表達心意，於是你找到那家茶葉店的線上商店下單，用手機支付，宅配公司很快將茶禮送到了朋友家。

這不是個案，而是網路時代我們的生活常態。網路時代，消費者處於忙碌狀態，人們的時間碎片化，時間不夠用，人們被迫在擁擠的捷運上，在公共廁所，在等人的間隙來解決一些煩瑣的事情，諸如滑滑臉書，看看新聞 APP，聽聽線上有聲書，順便去逛逛購物網站，碎片化時間與購物流程相遇，產生奇特的化學反應，購買流程由一條完整的線切成資訊、體驗、決策、下單、付款、收貨、售後若干個節點，這些節點非連續性分布，而是被分配在不同的時間和空間。企業必須建立一個系統，與購買流程節點無縫對接。這時，方便快捷成為通路的最基本要求。

## 無邊界，通路新生態

網路時代，企業必須重構通路系統，打破時間、空間的阻隔，推動通路向「無邊界」方向發展，全天候與顧客發生連結，隨時隨地滿足顧客「任性購」，給顧客無處不在的體驗。

通路大體有兩類：一類是線上通路，線上通路連結能力強，涵蓋廣，可以消除時間與空間的距離；另一類是線下通路，線下通路服務好，儀式感強，能帶給人們更佳的體驗。無論線上線下，都是新購物流程必需的節點，這就要求品牌建立一個全通路生態系統，讓線上線下通路無縫對接，消費者可以在線上線下自由轉移，動動手指就可以獲得，這才是真正的連結能力。

連結能力，核心不是通路數量（當然任何時候通路數量都很重要），而是一套全新的通路組合邏輯。全通路以人為中心，而不是曾經的以商品為中心；以時間為價值，打破傳統的空間價值。運用「多螢幕＋多維傳統」通路建立立體通路，將資訊、體驗、決策、下單、付款、收貨、售後等顧客購買全流程節點分布到不同的通路中，讓每個節點都有連結能力，每一個具體的節點，都用最理想的通路來表達，讓消費者自由購買，讓消費過程的愉悅感最大化。

## 五大方法，開創全通路新模式

全通路時代，對於行銷人來說，這可能是最好的時代，用「行動網路＋傳統通路」建構新的通路體系，與目標顧客建立連結，不僅僅是銷量成長，更是創新者的樂園，一不留心你就可能開創一個新時代。這也是最壞的年代，全通路體系剛剛萌芽，一無成熟的理論體系，二無參考學習的實戰案例，只能邊做邊學，一不留心，就可能交上昂貴的學費，交學費還算是小事，更糟糕的是成為「市場小白鼠」的典型。

全通路這點事，其實也沒那麼複雜，作者這幾年一直在實踐，從市場實踐中總結出一套方法論，並且已經讓幾個企業的命運因此不同。總結出來，其實有五大方法，助力你把貨鋪向通路，更鋪向消費者心中。

**通路數位化，讓涵蓋無處不在**。全通路實踐，從通路數位化開始，只有將通路數位化，才能突破時間和空間的限制，讓傳統通路由靜態變成動態，不僅可以拓寬涵蓋的群體，還讓通路擁有連結能力，更容易與顧客進行連結。通路數位化分三步走：第一步是全電商通路，第二步是「傳統通路＋數位化」重構，第三步是線上線下一體融合，線下線上自如切換，無

縫對接，構成新的通路系統，與顧客任性購完美搭配。

**通路社交化，連結起生活空間**。全通路以人為中心，人因社交而形成群落，通路必須新增社交屬性才能形成更強大的連結能力。人天生就是社交動物，分享是一種習慣。網路時代，人們有更豐富的分享管道，如臉書、IG 等；社交的信任貨幣作用，能形成同理與共識，更容易影響人們的決定，小程式與社交軟體打通，讓分享即獲得成為現實，漸漸成為交易的重要方式。從前的通路講究決勝終端，現在是決勝社交。通路社交化，重要的任務是把通路由交易空間變成社交空間，讓消費者在這裡成為相互的心理鄰居，購物如串門，變成一種生活空間，讓大家獲得全新的體驗與滿足。

**通路場景化，建立新體驗**。全通路下，顧客購買流程節點化，連結自由化，顧客自主化，讓消費者在自己營造的場景裡，潤物細無聲地體驗到產品，感受到氛圍，全方位地互動。未來的通路行銷就是場景化行銷，營造一個更具有體驗感和互動性的場景是通路的必修課。通路場景化其實是以人為中心的具體化落地，交易關係、價值取向對映到通路之中。通路就從一個簡單的交易空間，昇華為集情緒、價值、交易、關係為一體的場景化生活空間，給顧客貼近生活的體驗，將購物潛移默化地植入生活之中！通路場景化有雙重影響：一是對顧客連結和黏著力有極大影響，二是改變通路產品組合、通路布局。

**通路媒體化，傳播核心價值**。全通路時代，通路有一個新的使命，不是簡單地售賣，而是生活方式的表達。通路必須藉助一系列工具，以內容藉助合適的媒體，精準觸達目標消費者，讓消費者接受、意會。通路媒體化，其實是主動連結策略，是將產品服務資訊與流程節點一一對應的策略，牢牢捉住與消費者產生碰撞的每一個節點，把以時間為價值的核心體驗表達得淋漓盡致，這樣才能與消費者心靈共振，讓購買自動自發。

**通路智慧化，贏在未來。**通路不僅是一個滿足消費體驗的場所，一個社交空間，其實還是一個真實的資料庫，特別是以場景思維重構的通路，不僅有完整的購買決策鏈條，顧客的情緒、情感、體驗全部在這裡彙集，善用這些資料，企業可以對顧客精準地畫像，還能預知未來，甚至發現顧客未曾發現的需求。通路智慧化，就是運用新技術更好地掌握消費行為資料，與消費者及時互動，給消費者個性化的建議，更好更快更優地滿足顧客需求；另外，洞察顧客內心，發現其細微變化，運用新技術，個性化訂製和創新，喚醒其沉睡的需求，引導行銷新潮流。

# 第二節　數位化，讓通路永遠上線

隨時上線，便利選擇。

這是我們在網路時代建構通路的實際解決方案。通路數位化，讓交易無時間限制，無空間阻隔，還可以讓人可識別，貨可連結，場可體驗，借力通路讓產品流、資訊流、資金流、情感流暢通無阻。

新商業新通路以時間為核心價值。「因為便利，所以選擇」成為決策的重要因素，隨時隨地「任性購」成為全民大行動。「任性購」對通路提出一個特殊的要求，隨時出現在顧客身邊，這推動通路革命，實現產品全通路布局，讓通路永遠上線，讓交易無時間限制，無空間阻隔。

## 電商的第三種玩法，通路數位化的基礎

涵蓋寬度與廣度，是傳統通路的短處。打破時間、空間的阻隔，拓寬涵蓋讓通路向「無界」方向發展，是電商通路的強項，通路數位化，必須借力電商，讓通路由靜態轉為動態。

電商，這個商業模式是炒過多次的冷飯。目前，電商已是一場群眾戰爭，差不多是企業的標準配置，做得猛也做得歡，但多數並沒搞清楚。電商主流玩法有兩種：一種是突破時間概念，通路 24 小時上線；另一種是突破地域限制，一店參與全球競爭。此時的電商只是一個通路，作用就是增加一點銷量，僅此而已。

這兩種方法對出貨有很大貢獻，但忽略了電商的最大價值。網路時

代，消費者與品牌不再是簡單的交易，而是交易、價值、關係三位一體。傳統通路空間有限，能提供產品體驗，卻無法展現內容與價值。電商的無限空間彌補了傳統通路的短處，電商可以完美展現產品附著的內容以及內容承載的價值，讓品牌透過數位化的方式呈現，電商成為內容的傳播源，價值的連線點，交易的產生地，電商不再是簡單交易，而是入口，這才是電商的最大價值，也是數位化通路的基礎。

## 三角支撐系統，傳統通路數位化之路

通路數位化，企業都在做線上商城，開發 App，忙得不可開交。把線下店往網路上搬，其實只是通路數位化的第一步，行銷人還需努力。電商凶猛，最理想的境界也就是占比 50%，還有 50% 在線下。很多東西需要現場體驗，傳統通路不會消失，占領貨架就代表著銷量，這永遠也改變不了。

線下是任何一個品牌都不可忽略的入口，即使純電商品牌也從線上走到線下，爭奪線下流量。交易是一個感覺型事業，消費者感覺注重眼見為實，回歸線下，現場看過、試用過，才更容易做出購買決定。消費者的這個行為是傳統通路抵抗電商入侵的重要武器。這個動作也讓傳統通路糾結，因為過程無法儲存，最終只能獲得一些簡單的交易資料。傳統通路有賣貨和體驗能力，但與顧客無法建立起穩定的關係，缺乏主動連結能力，更重要的是與電商無法互動，造成線下與線上割裂，無法產生協同力，對資源造成極大的浪費。

通路數位化，必須兩手抓：一手抓電商通路布局，一手抓傳統通路的數位化更新改造，圍繞使用者進行全店數位化建設。這是一個三角支撐系

統，即人可識別，貨可連結，場可體驗。借力通路讓產品流、資訊流、資金流、情感流暢通無阻，與顧客建起關係。

**人可識別：**就是運用 AI 技術和網路技術，複雜高成本的如人臉辨識技術，簡單低成本的如 QR Code 標籤，將使用者數位化，把使用者也就是客流的行為記錄下來，轉變成可識別、可觸達、可洞察的資料，對使用者進行精準畫像，提供個性化、客製化的產品與服務，提升使用者體驗，讓顧客得到個性化的滿足，這樣，通路就擁有磁石般的吸引力。

**貨可連結：**不是簡單地售賣，而是賦予產品新的責任 —— 成為入口與連結點。新通路下，產品不僅僅是簡單的物理形態的產品，新產品是「物理產品＋數位化」的組合體，要麼透過人工智慧讓產品智慧化，要麼透過物聯網讓產品有連結能力。從最基礎的商品資訊到服務資訊，從生產到使用者手中的物流資訊都是數位化的，以便顧客快速、理性地做出購買決策，「產品＋數位」的方式讓貨與顧客的購買節點連結，交易流暢。連結起消費，也就連結起人，驅動通路社群化。

**場可體驗：**體驗是傳統通路生命之根，以服務為方法，以商品為道具，以消費者為中心是體驗的三個基本邏輯。體驗其實知易行難，傳統通路一般情況下是寸土寸金，由於場地的限制，再造真實的體驗場景非常困難。數位技術是萬能的工具，運用可穿戴技術和虛擬實境技術建構多維場景，讓使用者的感官體驗與數位世界完美融合，不僅可以大大增加通路的帶動銷售能力，還能讓通路增加黏性，與人長期連結在一起。

## 線上線下融合，才是真正的數位化

通路數位化，要線上線下兩手抓，不僅兩手都要硬，還要兩手緊扣，讓線上線下產生化學反應，滿足顧客任性購。顧客任性購並不是胡亂購，相反是一種聰明購，追求的是全價成本最低化。全價成本最低化，就是把一個購買行為解碼成資訊、體驗、決策、下單、付款、收貨、售後等節點，綜合考量時間、金錢、體驗等成本，最終實現購買收益最大化。消費者這個小目標，無論是電商還是傳統通路都難以滿足，唯有透過融合線上線下，商品、交易、資訊、行銷的共融互通，向消費者提供全通路無縫化涵蓋，多場景美好體驗，多節點快捷連結，高效滿足使用者隨時購物習慣，才能滿足其全價成本最低化的期望。

**步調一致，產生協同效應**。線上線下融合，其實就是用數位的力量整合線上與線下的資源。線上與線下其實是一體兩面，各有優缺點，一體化能讓優勢互補，發揮協同效應。一體化運作可以透過線上消除時間與空間的距離，用線下通路建立更好的體驗，以最優功能與形態配對購物路徑的每一個節點，讓人、貨、場聚合成一個協同的平臺，實現場景多樣化，體驗最佳化，連結任意化，購買快捷化。

**資料整合，顧客個體價值實現**。線上與線下資料融合，可形成資料閉環，通路變成資料庫，更動態，更個性，更豐富。一個個鮮活的資料讓行銷更精準，連結更方便，更能發現個性化的需求圖譜，產品客製化，服務體驗個性化，這樣的全生態通路對顧客有強大的吸引力，讓通路自動銷售，自動生長。

**節點最佳化，建構協同作戰能力**。通路的核心節點有三個：一是流量節點，二是體驗節點，三是物流節點。建立新型數位化通路，可以將通路

流量與品牌流量匯合，體驗節點將更進一步強化，物流節點將有極大的提升空間，從而將通路與品牌物流管理併線，將產品由大件管理轉為單品管理，將貨品及貨品庫存資料化。運用網路技術實現遠端動態管理，可實現分散庫存，動態管理，統一調配，快速反應，讓產品流向真正有需求的顧客，更好地滿足消費者。

## 第三模式，通路的未來

數位化通路，讓人（顧客）和貨（產品）自由地在線上與線下切換流動。傳統通路一般有直營和分銷兩種模式，分銷模式中，品牌並不直接接觸顧客流和產品流，品牌與通路、市場是一種以利益為紐帶的弱連繫，品牌對人、貨、場均不控制，不僅不能整合，而且各個子系統分散、獨立、封閉。

數位通路可去除中介化矛盾，將通路由交易型轉化為策略夥伴型，通路與品牌形成前店後廠的新型關係，這樣通路就能形成一體化經營，有協同作戰能力，我們把它稱作第三模式。

第三模式的廣泛運用，把線下分散的節點串成線，與品牌連結，讓物流、資訊流、顧客流實現雙向流動，從而與數位化完美融合，真正開啟數位化通路時代。

# 第三節　社交化，通路就是生活空間

通路無邊界，生活即交易。

新通路以人為中心，替傳統通路植入社交能力，把天涯海角的顧客聚在一起，運用社交重塑場景，將通路由交易空間變成生活空間，讓購買自然發生，這才是有競爭力的數位化通路。

## 以人為中心，唯有連結能勝出

傳統通路以產品為中心，通路的核心能力是賣貨，與消費者之間的關係是交易。這時，消費者講究貨比三家，「無品不打折，無店不促銷」成為傳統通路的主要做法。簡單粗暴的價格戰讓通路的離心力加大，品牌與消費者的關係就是「沒有一分錢改變不了的忠誠」。正因為如此，傳統通路風光不再，諸如大潤發這樣的昔日霸主，也只能投入電商的懷抱。

全通路時代，以人為中心，將複雜的人及多樣化的需求解碼具體到一個特定的空間、時間，通路功能與消費者購買節點完美搭配，高效精準地將需求與功能相配，與顧客建立價值、交易、體驗三位一體的新關係。這種關係就是社群，可持久，能自生長。

以產品為中心的傳統通路，核心能力是涵蓋與輻射，其商業原則是「口岸」。找到黃金口岸，輻射更多的目標消費族群，就能將產品賣給更多的人，你就能贏得通路之戰。

以人為中心的通路，是通路能力與顧客購買節點的完美搭配，打破時

間與空間的限制，成為一店賣全球，站在家門口參與全球競爭。放在通路的語境下，全通路時代，使用者不在某一個具體的區域，而是分散在天涯海角，過去那種用面的方式去涵蓋目標消費族群已無法滿足市場要求。以人為中心的通路，講的是精準行銷：瞄準點，以點連線，用數位化連結能力消除時空限制，用全通路能力連結個體化的購物節點，給予顧客綜合性的滿足。

## 社交，讓冷通路與熱情人連結在一起

冷通路如何連結到熱情的人？必須先搞清楚網路時代人們如何建立關係。網路時代是一個人以群分的時代，人與人透過相同的價值觀產生連繫，以共同的人生觀、世界觀把大家聚在一起，以共同的行為凝結成次文化，社群是一個有信仰的部落。

社群因為共同情感讓成員相互影響，社群裡成員彼此了解，相互信任，群友推薦的東西自然最值得信任的，加上人們歷來就有好東西要與朋友分享的習慣，形成社交化的商業模式自然水到渠成。

新通路的使命不是涵蓋，而是連結消費者，因此，必須為傳統通路植入社交能力：一是連結分散在天涯海角的顧客，聚沙成塔。二是必須精準行銷，完美搭配消費者碎片化、節點化的購買習慣，建構場景化的通路生態，讓購買自然發生。三是通路不僅僅是功能的滿足，還是價值與生活方式的載體，社交化讓通路昇華成共同的精神社群。

## 品牌社交化，通路才有連結能力

通路的社交能力從哪裡來？最基礎的力量是品牌。無論是過去、現在，還是將來，通路都是品牌的集合體，永遠不會改變，品牌組合是通路的底層邏輯，決定通路的營利模式和競爭力。曾經的通路，品牌基本策略就是拉動銷售、創造利潤，從而實現規模（利潤）最大化。通路社交化，必須以品牌的社交力作為準入條件，以社交能力進行品牌重構，形成社交品牌的集體，通路就更新成為生活、精神、交易空間三位一體的社交管道。

什麼樣的品牌才具有社交力？第一，品牌以價值為基本規則，相同的價值觀讓使用者同理，從而產生共振。第二，產品植入生活，潤物細無聲地與使用者建立連繫，從而施加影響。第三，場景話題，以產品實際運用中的場景化體驗、情感、故事等讓消費者產生情感共鳴，從而讓品牌產生活力和黏性，把大家聚合在一起，共同開創未來。

社交化改變了通路產品組合，新的組合原則是價值，價值判定對品牌有一票否決權，這個價值不是一個品牌的價值，而是一群品牌必需的、共同的價值，比如兩種酒在同一個通路，價值就不是相融共生的，而是相互矛盾的，社交通路是一個封閉的圈子，需要提供一站式解決方案，追求品類豐富度而不是單一品類的豐富度，要產生協同效應。

## 從「一對一」到社群，建構超級生態

通路在社交關係上獲得先機，並不意味著通路就能獲得社交關係的勝利。在目前的行銷環境下，通路與品牌多數時候並不是一體的，通路主流

模式是經銷而不是直營，通路與品牌是甲方與乙方的關係，這種關係不僅不是鐵板一塊，而且還隱含著不少較量，通路不僅要與一個品牌的社交力相融，還必須與多個品牌的社交力融合共生，孕育出一個超級網路社交平臺，這才是通路社交化應該走的路。

通路社交化，一般人的理解是「通路＋社交媒體」，透過社交媒體，把消費者連結在一起，形成一個有信仰部落。這是品牌的社交邏輯，不是通路社交化的選擇。通路當然也需要社交媒體，這個社交媒體的用法卻不同，出發點不是連結個體而是連結群體，是聚合品牌的社交能力，即把品牌的社群吸納入通路，一個通路連結多個社群，最後形成一個大社群。

通路社交化，其實是用無邊界的社群包容有邊界的社群，人與人連結成社群，群與群連結成社群。其從「一對一」的社交關係到人與群連線的圈子，具有強大的底層價值能力，能包容不同產品形態的社群小圈子。低層價值解碼呈現得越多樣（如無印良品），能植入的品類品牌就越多，就越能形成超級社交生態社群！

## 社交空間建構，提升通路競爭力

通路社交化，大家忙著運用網路的力量替通路增加社交的基因，希望讓傳統通路再次起飛，然而卻對一個現象視而不見，如這幾年大潤發、家樂福都投入了電商的懷抱，也擁有了新的基因，然而資料上表現得更好的是集休閒娛樂為一體的購物中心。

為什麼會這樣？網路社交再強大，也比不上好友見個面喝一頓小酒更打動人心。購物中心從一個交易空間變成共享空間，為商務談判、約會交友、聊天消遣寂寞時光等帶來了全新的體驗，讓購物中少了商業味，增加了人情味，星巴克就是這樣做的。星巴克不僅賣咖啡，還提供聚會的第三空間。

通路社交化，是剛冒出芽頭的商業革命，還處在起步階段。特別是線下通路，這些年開始擁抱電商，甚至喊出新零售的口號，但這個「新」並不包含社交理念，對社交體會與理解還不深刻，甚至不認同，還推崇一直以來的老觀念，以給顧客更多的選擇來贏得更多的機會，以為這就是對空間的最大化利用，所以近年零售業低迷，且一直未找到脫困之道。

社交全面改變生活，全面向商業化滲透，傳統通路必須思考，更要行動，要對空間進行重新定位與重構，提升硬體設施和軟性服務，調整業態比例，縮小產品經營空間，增加社交空間，讓通路從「交易空間」更新到「社交空間」，使用者來到這裡不是置身購物終端，而是朋友集會聊天串門，讓顧客有事沒事都願意來逛一逛，通路成為人們生活的延伸。此時，通路就變成一種生活空間，交易順帶發生，這才能贏在未來。

# 第四節　場景化，打造完美體驗空間

占據場景，即贏得未來。

這是《即將到來的場景時代》(*Age of Context*) 中兩位美國專家的呼籲，生活中，場景時代已來臨，不僅改變大眾生活，更引發商業革命，一家零售公司在 2016 年啟動了「全通路、新場景、強連結」的策略轉型。

## 場景風口，看得到抓不牢

網路時代，快經濟，人們做事膽子會大一些，步伐會快一些，一般不會小心謹慎，至少在場景這件熱門事情上如此。場景在老外那裡是技術，比如《即將到來的場景時代》這本書中的兩位美國同行的觀點就是用技術改變商業和生活；場景等同於文化，我們的行銷人一般將場景掛在體驗、儀式感和價值這三個鉤子上。實踐中，無論是技術派還是體驗派，大家都看得到場景的風口，但是無論怎樣努力，就是不能在擁擠的賽道上脫穎而出，成為風潮引流者！

商界從來不缺風口，但通往風口的路從來都是人滿為患，抓住風口其實需要綜合實力，通過擁擠道路段需要技術和體力：即使你成功擠進風口，還必須自己長出一雙翅膀，否則大風不是助你起飛，而是把你摔成肉泥。

## 體驗，場景化的本質

場景是個風口，這一點沒人否認，要抓住風口，必須先看清風向，從現象看到本質，才能練就最好的自己，才能乘風破浪，才能飛得高、飛得遠。

場景到底是什麼？場景本意是戲劇、電影中的場面。網路時代，場景不僅成為一個神奇的熱門詞彙，還成一種革命性的商業力量，這一切都是人們行為變化的結果。人不是生活在空氣中，而是生活在特定的時間、空間之中，而且還會與一些事情相連。特定時間、空間的解決方法就叫場景應用或場景消費。翻譯成行銷人的語言，場景就是從人出發，將多樣化、複雜化的需求具體到一個特定的時空，快速、動態地提供帶有儀式感、情緒感、體驗感的解決方案。

## 通路，場景化實驗主陣地

通路是消費發生的核心節點，將空間、時間、人連結起來。更簡單粗暴地說，消費者的進化催生場景化需求，場景化需求的解決方案誕生場景化產品，場景化產品彙集於通路，通路也就被迫場景化了。

近年來，電商流量紅利結束，引流費用居高不下。實體通路的形勢更嚴峻，消費者變懶，越來越不願意逛街，流量銳減，成本攀升，好口岸更是寸土寸金，人工成本也一再攀升。在多重壓力下，傳統通路早就風光不再。用場景思維來洞察消費者，我們可以發現還有很多未曾滿足的需求，若透過情緒化和儀式感能創造出全新的需求，商業的拓展就有無限的想像空間。場景化被認為是商業轉型的新出路，也是打贏社交戰爭的關鍵，通

路又是交易的關鍵節點，在場景化實驗中衝鋒在前，成為場景實驗的主陣地。

## 產品，通路場景化的原動力

近年來，大家不是在用場景來建立體驗，就是用場景來連結顧客。大家在忙著場景建構，卻忽略了一個基礎，通路場景化是建立在產品場景化之上的。通路是產品的集合，通路力也就是產品匯聚的合力，脫離產品功能建構通路場景，無異於畫餅充飢。

通路場景建構從產品出發，那麼場景化的產品是什麼樣子的？場景化的產品是以人為中心，從實際需求出發，集中在一個特定的情境，為顧客提供解決方案。其有三個關鍵點：其一，產品的核心價值是時間價值。其二，功能是網狀的，多快好省地解決具體問題。第三，必須帶著情緒，呈現具有儀式感的體驗。

產品場景化，給通路帶來一個難題。一個單品、一個品牌的場景化就已經足夠複雜，考量要素多，而且是動態的。通路是產品的集合，也就是場景的集合，需要思考的問題更多：諸多場景是否有衝突？場景是否協調？場景之間是做加法，還是乘法？簡單疊加，還是發生化學反應？做起來很難，需要企業運用社交邏輯來判斷，以體驗為標準做四則混合運算：加，增加品類，延伸場景。減，減少同一品類或相似的品種，減少衝突。乘，有情感和儀式感，能帶來更優體驗。除，除掉瑣碎耗時的環節，讓購物流程和觸達介面簡單。

## 體驗，通路場景化的核心

說到體驗，就必須回到線下通路，雖然線上也有可能提供良好的體驗，但其必定沒有線下親密接觸來得真切。這些年，線下通路一直處於挨打狀態，要擺脫被動的局面，就要按照使用者的行為和需求，運用社交邏輯來建構場景，把通路由交易空間變成情感空間、體驗空間、價值空間完美融合的新空間。

通路場景化，說起來很簡單，操作起來很複雜。通路一般就是貨賣堆山，為了塞進更多的產品，門市規畫通常採用排排坐、吃果果的布局模式，不僅沒有體驗，連尋找產品都是一大難事。過去通路還有一個舊習慣，愛當二房東，透過收租金賺錢。這兩個因素曾經是通路致勝的法寶，現在卻是體驗的障礙。通路場景化，就必須先革自己的命，是涅槃重生的過程，需要勇氣，更需要智慧。

一家超市有這個勇氣，更有這個技術和能力。這家超市在場景化實驗中，透過加減法，對門市去百貨化，去家電化，壓縮服裝區，強化品類中心的概念，設立「廚衛中心」、「嬰童中心」、「洗護中心」等區域，增加生鮮區，引入跨境購等，透過一系列場景實驗，讓顧客滿意度大幅提升，業績更是逆風飛揚。

## 數位化場景搭建，讓體驗更完美

通路場景化能使傳統通路重獲新生，但場景化之路從來不會一帆風順，通路開始建構體驗場景時，會面臨艱難的選擇：第一，實體空間是有限的，必須做出取捨，任何通路都會面臨場景體驗不足的問題。第二，透過場景來激發客戶的購買慾望，激發消費者的共鳴，成本是不可承受之重。雖說消費者注重情感，但價格還是一個重要的考量因素，生活態度與平價組合是場景的核心要素之一。

場景建構是個系統工程，也是一個燒錢的事業，必須要有成本思維：第一，要讓場景永生，降低邊際成本。第二，場景建構要簡潔、高效、親民，降低使用成本。第三，讓場景隨時隨地與人發生連結，降低機會成本。唯一的解決辦法就是線下實體和網路結合，讓實體的感官體驗與數位虛擬世界完美融合。

通路建構數位化場景，就要運用技術把劣勢轉化為優勢，透過雲端服務、大數據分析把顧客看得清楚明白，對顧客進行精確的畫像，透過資料模型推斷客戶需求圖譜。透過可穿戴技術、智慧機器人技術、虛擬實境和擴增實境技術，建構一個虛擬產品的體驗空間，形成全新的場景生態，讓場景無處不在，隨時連結，激發顧客的參與感、涉入感，這樣通路才能從赤裸裸的交易空間變成「交易＋情感＋體驗」的新空間。一家傳統賣場就是這麼做的，在場景化實踐中，賣場運用資料建構了如虛擬廚房、3D 影音體驗專區、未來書吧等，脫掉了傳統家電零售賣場的帽子，成功更新成場景化的新零售指標，業績更是芝麻開花 —— 節節高。

# 第五節　媒體化，讓通路成流量入口

得通路者，得天下。

通路的含義相當豐富，其不僅是產品流動的通路，更是一種行銷策略，一種「贏銷」的技巧，通路無論是在過去、現在還是未來，都是市場競爭的焦點。

## 通路，是一種行銷思想

市場是一個創造奇蹟的地方，通路發展簡史就是整個市場的一個縮影。多數企業起步於弱小，無力與海外品牌拚吼聲（打廣告），卻開闢了一條新路，即在與消費者近距離的觸點——終端上下工夫，透過生動化陳列，以體驗、促銷開創有市場特色的一對一行銷戰術體系。

一對一戰術力量很神奇，曾經造就出一些本土強勢品牌，在專家、媒體、行銷人的共同努力下，一對一行銷模式再次昇華，建立空間、生動化陳列、資訊、一對一溝通四位一體的線下行銷體系。筆者曾經是這套體系的參與者和建立者之一，運用終端壓迫戰術，成功地撼動世界五百強的地位。這套體系到現在也未過時，如某一款酒，大家忙著對其社交基因按讚，卻忽略了人家是傳統通路營運高手。

通路是消費者接觸的核心介面，建構立體通路涵蓋更多的使用者仍然是市場的基本策略。雖說電商可以涵蓋全球，並消除時間阻隔，由於消費者購買行為解碼成若干個節點，相當多的節點只能由線下來連結，線下通

路仍然是決定成敗的勝負手。行動網路時代，消費者啟用外腦決策，對線下通路提出全新的要求，不僅要提供產品，還必須在任意時間提供足夠多的資訊，讓顧客做出正確的判斷，並影響購買決定，通路必須嫁接媒體的功能，走上通路媒體化之路！

## 聚合內容平臺，通路媒體化的正確操作方式

網路時代，唯有連結，才能勝出，通路媒體化順應了這個趨勢。媒體的關鍵是內容，提到內容，第一個聯想到的是原創。原創是媒體的DNA，這個放諸四海而皆準的金科玉律，放在通路媒體化這個個案上意外失效，通路媒體化，不必也不能進行原創。

通路是產品的合集，網路時代，產品本身就是內容，也就是說通路已有內容提供商，再費時費力原創，沒有那個必要。通路是產品的集合，產品眾多，在知識爆炸的年代，搞懂一個品類知識已十分困難，把諸多品類知識建起來，更是難上加難。對於原創，通路即使有那個心，也沒那個力！

我們一直強調，通路社交化不是要玩個人與人連結的社群，而是群與群連結的大社群。人與人連結成社群，那點事，品牌已經做了，而且做得不錯，通路要做的不是建立魅力人格體，是聚合多個魅力人格體，集結成一個大社群。通路媒體化，只需樹立自己的底層價值，去篩選聚合品牌的內容，集結成內容平臺，這才是通路媒體化的正確操作方式。

## 社交和分發，讓顧客看所想看

社交模式也不是完美無缺的，其影響力有限，速度慢，涵蓋不強。更重要的是，我的分享並不一定是你感興趣的，至少我分享時的場景並不是你此時此刻所處的場景，這樣會產生資訊與消費節點不相配、不協調的問題，增加時間消耗，效率低下。

社交媒體只是通路媒體化的一部分，而不是全部，必須運用另一種方式來放大優點，彌補其不足。社交媒體的缺點就是分發媒體的優點，所謂分發，就是精準推薦，基於圈子的個性化使用者資料，預測出消費者感興趣的東西，讓他們在想看想聽的時候能滿足需求，這樣的資訊才有用、有效、不騷擾，才可增添通路的吸引力。

## IP 分發平臺，通路成流量池

社交加分發，不僅不是製造萬能的工具，還可能引發一系列問題：第一，容易讓人偏食，你可能被同一類資訊包圍，知識面太窄，這可能造成知識危機。第二，人本來就喜新厭舊，同一類資訊會審美疲勞，需要接觸更多的內容，演算法其實是有路徑依賴的，這會顯得滯後。第三，資訊的喜好與消費之間，並不一定有因果關係，比如大家都喜歡賓士、BMW，但更多的人購買的是 TOYOTA。

社交加分發無法完美解決問題，通路媒體化路在何方？通路媒體化不是照搬社交媒體，也不是簡單的二次分發。以價值為商業模式的載體，聚合產品內容形成 IP 首發平臺，內容體系要與消費者場景式消費節點完美搭配，隨時隨地為消費者提供專業有價值的共同情感資訊，讓溝通更順

暢，讓購買自然發生。

通路媒體化，起點不是急著創作內容，而是確定通路的價值，透過價值來聚合產品內容，這個價值不是簡單的商業價值，而是從商業價值昇華成的人文價值，這樣才能有強大的連結能力，以跨界的內容形成豐富的體系，不僅滿足多樣化的需求，而且還有黏性、有信仰，有多次變現之能力，通路是入口，是流量池。

## 場景化，讓資訊找人不擾人

通路媒體化的最終目標是建立連結，產生交易（當然這個交易是優雅的），這對媒體有一個全新要求，就是必須讓人喜歡，而不讓人討厭。讓資訊找到人不擾人，解決之道只有一個，那就是資訊場景化。

在一個特定的情境、空間中，同一個資訊需要不同的呈現方式。場景化是以人為中心的，認清楚人是第一步，要以社交個性化小數據為基礎，制定個性化的需求圖譜，把消費圖譜與內容一一對接，這樣才能讓內容打動人心，才能同理共振，才能真正形成 IP 分發平臺。

場景多樣化動態變化，對資訊提出了很高的要求，不同的場景對內容的要求不同，不同的場景對同樣的內容也要用不同的表現形式，如圖文、音訊、影片等，不同的場景對同樣的內容也有不同的耗時性要求。運用定位、智慧技術、虛擬實境技術和物聯網技術來感知消費者的狀態和環境，以最適合當下場景的資訊與消費者發生連繫，根據消費者所處的場景來決定資訊呈現的方式，這才是真正有用、有效且不擾人的資訊，這才是通路媒體化的最終目標。

## 線上線下結合，通路平臺化

通路媒體化，好像都圍繞數位化展開，線下通路似乎不那麼重要。其實，線下通路不僅不會消失，而且仍然和過去一樣重要，甚至更重要，否則，許多企業大老闆也不會拎著錢包到處搶購傳統通路。無論什麼時候，傳統通路都有其獨特的價值，通路不僅僅是商流（產品交易場所），還是人與人的連結點（社交空間），傳統通路的沉浸、停留和享受的體驗功能是網路通路永遠取代不了的。

傳統不滅，並不代表未來的勝出者有你。線上購物平臺與傳統通路聯姻，不是簡單的加法，而是對「傳統通路＋網路」進行改造，基於應用場景完成沉浸式的媒體體驗，基於社交讓通路形成群與群的連結能力，基於內容讓通路成為共識介面，通路空間與數位空間融為一體，通路變成入口，變成圈占消費者的平臺。

# 第六節　智慧化，就在眼前的新時代

無智慧，不商業。

這是我們對未來商業的判斷。我們不是預言家，而是感受到智慧時代已拉開了序幕，通路智慧化也開始了積極的實踐。

## 無人店，拉開智慧化大幕

智慧化大幕由零售拉開。這是一場被寄予很高期望的商業實踐，提出「消滅收銀員，消滅專櫃人員，消滅服務人員」的口號，大量減少人工成本，大幅提高營運效率，這還只是基本目標，而把顧客行動路線、關注的貨架、停留的時長等行為資料化是大家更熱衷的目標，大家想透過技術把消費者看得清楚明白，為他們提供個性化的解決方案，這樣門市不僅有轉化率，還有黏性，形成對人的連結，使得門市從交易變成圈集消費者的平臺。

智慧零售這個概念起點很高，因為提出者與實踐者的段位太高，不是豪門就是新貴，勢能太大，硬是人為創造出一個新風口。我們不否定大老闆們的策略眼光，這是他們的成功之道，但我們反對過度關注和解讀大老闆們的言行！大老闆們是人不是神，不可能把未來的一切看得清清楚楚，並領先一步行動，否則一個企業家可能就統一全球商業了，沒我們什麼事了。

雖然無人店運用了很多先進技術，其實也就是一個更新版的自助雜貨售賣亭，並不代表智慧零售的方向，使用的也不是智慧化通路的方法。無人店是產品思想，核心策略是降低營運成本，雖然是一幫網路大老闆領著在做，但是我們沒看到他們如何將實體空間與網路結合起來，對於解決消費者的痛點，似乎也沒有什麼解決辦法，更沒看到這個店在人性的掌握上有多少先進性，更沒看到如何觸及人心。

## 智慧化，通路應該這樣玩

智慧化通路到底該如何建構？我們來看一看消費者的意願，也看一看當下通路還有沒有盲點和無法解決的痛點。商業有個基本原則，講理不如擺事實，現實中存不存在要解決而未解決的問題？

人是有理想的高等動物，高等動物最顯著的特點是穿衣。下面我們就以買衣服來舉例。關於衣服，先講究布料與款式，對於布料，關注度不高、參與度更低，看半天你也搞不懂；接下來解決合身的問題，合身的第一感覺是模特兒傳達出來的，你我的身材與模特兒有幾條街的差距，合身唯一的方法是百試不厭，買衣服變成了體力活動；接下來是場景問題，試衣服的場景，一般是賣場刻意創造出來的，表現出來的是巔峰顏值，生活中這種情況絕不會出現；問題還沒完，試衣動作相對單一，衣服在壓力下變形就沒法充分體驗……原來買衣服還有這麼多痛點需要解決，這就是智慧化通路的發展方向。

無人店現在只能銷售標準化的簡單產品，無法涵蓋社會化屬性的產品，因為還沒找到解決的辦法。其實不僅是無人店，線上購物平臺一擲萬金迎娶線下實體店，「傳統＋網路」雙劍合璧，在智慧化方面、場景化實驗方面並沒有做得特別出色。所以，無人店試水溫智慧零售，其實就是大

老闆們的一個秀，不代表方向，也不是風口。

智慧零售到底是什麼？應該是以人為中心的商業重構，把賣場從交易變成人的連結，不僅僅是簡單的線上線下結合，還需要通路植入內容，內容形成入口，社交形成連結，以精準需求，場景搭配，優質快速地為顧客提供解決方案。精準需求建立在大數據技術之上，場景搭配建立在定位技術、智慧辨識技術之上，快速解決建立在購物流程和物流系統之上，這些協調統一，才是真正的智慧通路。

## 大數據，通路智慧化的基礎

網路時代，宇宙即資料，萬物皆相連。資料是一切商業的基礎，當然，通路也好，終端也罷，本來就是一個資料庫（產品資料化、使用者資料化、場景資料化），通路大數據的用法有點不一樣，運用大數據及個性化的小數據，能對顧客進行精準畫像，形成需求圖譜。看清顧客的需求，並不代表能立即對顧客進行個性化、客製化的精準行銷，而是將需求模型標籤化，將標籤與場景連結和配對，大數據作為場景支撐點，圍繞場景推展營運。

## 場景感知，智慧化通路的關鍵

消費不是簡單的功能需求，而是時間、空間、情緒、功能的組合，這就讓行銷複雜多變，這也是行銷的魅力所在。場景化行銷萬里長征才走出第一步，由於技術限制，現在場景化多根據資料分析，以預設場景與消費者一一對應，離動態場景配對還有那麼一點距離。

通路智慧化，就必須解決場景感知的問題。運用網路技術、物聯網技術、感應技術、人工智慧等實現場景配對。建立場景感知 —— 在無干擾的情況下，正確辨識顧客所處的場景是什麼樣的；場景連結 —— 運用大數據和智慧決策技術，知道這個場景下的內容和形式，讓連結自然發生；快速交付 —— 動態的購物流程和支援系統，讓交付快速方便。通路變成個體日常生活的小世界，成為不可缺少的一部分，這才是智慧化通路追求的狀態。

## 物流，智慧通路最後一公里的哲學

場景成為商業的基因，必須基於場景解決辦法來建立一套支援方案，如入口系統、業務諮詢與辦理系統、售後服務系統。智慧化通路全線打通最後一個環節，也是交付的核心環節 —— 物流系統。場景是碎片化的，也是即時性的，產品不僅要及時出現，更要及時到達這個場景，否則機會就溜走了。

入口、業務諮詢、辦理系統、支付都可以透過網路來解決，透過數位實現快速和自由連結，唯產品快速到達是網路無法解決的，物流這最後一公里是智慧通路的重要環節，也是必須突破的一道障礙。比如，此時深夜兩點我們在家裡想喝點小酒，誰可以幫忙？未來的解決辦法是整合通路形成「品牌總倉＋各地分倉」雙層物流體系，形成多點短半徑涵蓋，物流技術也會進化到高度自動化的階段，自動駕駛汽車與機器人上門送貨，將最後一公里的交付提速且成本降低，讓產品迅速融入場景中，才能與需求完美搭配，才能讓智慧化落實。

## 品牌和通路雙輪驅動，智慧化起飛

智慧通路不是交易，而是圈占消費者的平臺，在這裡就出現一個不大不小的問題：網路時代，直接與消費者建立連繫是品牌的新使命，通路與品牌就會出現較量。品牌與通路歷來就是歡喜冤家，相愛相殺，一方面，要求去中間化；另一方面，商業競爭不再是企業與企業之間的競爭，而是一條產業鏈與另一條產業鏈的競爭。

智慧通路需要與品牌重建關係，不再是簡單的利益切割，而是一套生態價值鏈的構造，把廠商從交易關係改為策略性、夥伴式行銷關係。就是以 IP 為旗幟，資本為紐帶，讓廠家與商家徹底打破傳統的甲方乙方的合作方式，實現「一家人，一盤棋，一體化」的策略模式 —— 雙方高度統一價值觀，高度統一思想，統一市場步伐，激發集體協同創造力。品牌輸出 IP，聯合體聚合成 IP 平臺，使得通路短而寬，連結能力強，資訊豐富流暢，場景統一、協調、完整，效率更高，品牌與通路雙輪驅動，讓智慧化起飛 —— 並且飛得又快又高又遠。

# 無邊界通路！數位時代的品牌與消費者連結術：

## 從個體崛起到超級 IP，全方位解析數位時代的品牌策略


作　　者：田友龍，孫曙光
發 行 人：黃振庭
出 版 者：財經錢線文化事業有限公司
發 行 者：財經錢線文化事業有限公司


E-mail：sonbookservice@gmail.com
粉 絲 頁：https://www.facebook.com/sonbookss/
網　　址：https://sonbook.net/
地　　址：台北市中正區重慶南路一段六十一號八樓 815 室
Rm. 815, 8F., No.61, Sec. 1, Chongqing S. Rd., Zhongzheng Dist., Taipei City 100, Taiwan
電　　話：(02)2370-3310
傳　　真：(02)2388-1990


印　　刷：京峯數位服務有限公司
律師顧問：廣華律師事務所 張珮琦律師





定　　價：320 元
發行日期：2024 年 04 月第一版
◎本書以 POD 印製
Design Assets from Freepik.com

**國家圖書館出版品預行編目資料**

無邊界通路！數位時代的品牌與消費者連結術：從個體崛起到超級 IP，全方位解析數位時代的品牌策略 / 田友龍，孫曙光 著 . -- 第一版 . -- 臺北市：財經錢線文化事業有限公司 , 2024.04
面；　公分
POD 版
ISBN 978-957-680-835-7( 平裝 )
1.CST: 品牌 2.CST: 品牌行銷 3.CST: 行銷策略 4.CST: 電子商務
496　　113003436

電子書購買

臉書

爽讀 APP